以你现在的努力程度，还轮不到拼天赋

[日] 道幸武久 著
鲁艳霞 译

古吴轩出版社
中国 · 苏州

图书在版编目（CIP）数据

以你现在的努力程度，还轮不到拼天赋 /（日）道幸武久著；鲁艳霞译．— 苏州 ：古吴轩出版社，2017.5
ISBN 978-7-5546-0926-2

Ⅰ.①以… Ⅱ.①道… ②鲁… Ⅲ.①成功心理—通俗读物 Ⅳ.①B848.4-49

中国版本图书馆 CIP 数据核字（2017）第 090756 号

责任编辑： 蒋丽华
见习编辑： 顾　熙
策　　划： 文通天下 · 张　萍
装帧设计： 主语设计

书　　名： 以你现在的努力程度，还轮不到拼天赋
著　　者： [日]道幸武久
译　　者： 鲁艳霞
出版发行： 古吴轩出版社
地址：苏州市十梓街458号　邮编：215006
Http://www.guwuxuancbs.com　E-mail：gwxcbs@126.com
电话：0512-65233679　传真：0512-65220750
出 版 人： 钱经纬
经　　销： 新华书店
印　　刷： 北京市凯达印务有限公司
开　　本： 880×1230　1/32
印　　张： 7.25
版　　次： 2017年5月第1版 第1次印刷
书　　号： ISBN 978-7-5546-0926-2
著作权合同登记号： 图字10-2017-056号
定　　价： 35.00元

我害怕那些努力的人

因为他们知道

人的大多数成就都可以靠努力实现

我更害怕那些明白如何努力的人

他们让许多不可能变成了可能

让努力多了个可以撬动人生的支点

《以你现在的努力程度，还轮不到拼天赋》

日本最受欢迎、参与度最广的人生自我完善规划课

谨献给那些在追求梦想道路上

努力到感动自己

却依然徘徊在成功门外的人们

BEFORE READING 阅读之前

请给自己一点思考的时间

您的名字：______________

您的三个真正的人生目标是什么？

（请给自己一点思考的时间。）

1.____

2.____

3.____

您即将开始阅读的可不是一本寻常的书。

要知道，人生之路崎岖不平，总有许多沟坎需要跨越。有时候，我们必须要做一些艰难的决定，开始一段自我更新的旅程。改变总是痛苦的，但也是必须的！现在，翻开这一页，您已经迈出了提升自己的第一步！就让我们继续前行吧！在旅途中我们会得到很多，请时刻准备着，将这些知识变成您自己的。

READER COMMENTS 本书评价

全世界名人、媒体对努力的探讨以及对本书的赞誉

你想成为幸福的人吗？但愿你首先学会吃得起苦。

——屠格涅夫（俄国文学家）

只有这样的人才配生活和自由，假如他每天为之奋斗。

——歌德（德国文学家，诗人）

成功的意义应该是发挥了自己的所长，尽了自己的努力之后，所感到的一种无愧于心的收获之乐，而不是为了虚荣心或金钱。

——罗曼·罗兰（法国著名作家）

在这个并非尽善尽美的世界上，勤奋会得到报偿，而游手好闲则要受到惩罚。

——毛姆（英国著名作家）

脚跟立定以后，你必须拿你的力量和技能，自己奋斗。

——萧伯纳（爱尔兰剧作家，诺贝尔文学奖获得者）

人生短暂，过着过着你就没了，明白么？

——乔布斯（苹果公司联合创始人）

天才是百分之一的灵感加上百分之九十九的汗水。

——爱迪生（科学家，世界发明大王）

光勤劳是不够的，蚂蚁也非常勤劳。你在勤劳些什么呢？有两种过错是基本的，其他一切过错都由此而生：急躁和懒惰。

——卡夫卡（奥地利作家）

盲目地一味勤奋的确能创造财富和荣耀，不过，许多高尚优雅的器官也同时被这只能创造财富和荣耀的美德给剥夺了。

——尼采（德国哲学家）

这本书让读者认识到光有奋斗精神是不够的，还需要脚踏实地一步一步地去做。要先分析自己的现状，分析自己现在处于什么位置，到底具备什么样的能力，这也是一种科学精神。你给自己定了目标，你还要知道怎么样去一步一步地实现这个目标。从某种意义上说，树立具体目标和脚踏实地地去做同等重要。

——东京广播公司

克服自己消极的、钻牛角尖的、扭曲的思维方式，便能增加效率，提高自尊心。

——《读卖新闻》

努力者无悔，即使曾经沧海难为良田，但他的人生价值得到了实现，从这点来看，他无疑是位成功者。其实我们都要感谢上帝赐给我们每人这个不是权利的权利，就是“努力”。这个“努力”并不是一味埋头苦干，就像这本书中所说，努力之外还有很多东西。

——日本共同通讯社

道幸武久的真知灼见一如既往。本书不仅能促成巨大的生活变革，令人惊叹，更重要的是非常实用。我们每天都能用上道幸的策略，这只需要很少的时间，却能带来无比丰厚的回报。在书中，你不仅能学会如何辨识拖累自己的那些坏习惯，而且能学会代之以真正有助于发展的好习惯。

——《每日新闻》

如果你想过得更幸福一些，那么请改掉你的不良习惯吧。从书中我们可以获得大量的启示。

——艾迪（33岁男性，公司职员）

萧伯纳说世界上只有两种物质：高效率和低效率；世界上只有两种人：高效率的人和低效率的人。这本书告诉你怎样做更好的自己。

——王彦（38岁女性，公司中层）

当我翻开这本书时，就爱不释手。这本书对我来说非常重要，因为我也有一些同样的难题。我并不孤单，其他人也有同样的难题。这本书对我非常有帮助。

——关美娟（亚马逊网站读者）

目 录 /

STEP ONE

没有谁能困住你，除了你自己

大多数人的人生之所以受到限制，是因为我们将认识问题的视野框定在一个狭窄的范围内。还没尝试过，就跟自己说不可能；当机会来临，总觉得自己不够优秀，还没准备好；觉得自己一无是处，人生没有别的选择，也没有努力的方向。仔细想想，你是不是经常会这样呢？你又为自己关闭了多少扇门，错过了多少精彩的人生？这世上没有什么可以真正困住你，除非你自己甘愿被失败奴役。可是，你甘心吗？你愿意放弃自己吗？有时候，不逼自己一把，你永远不知道自己有多优秀。

STEP TWO

驯服恐惧这头偷吃你梦想的怪兽

虽然实现梦想并不是一件简单的事，但有很多人的梦想止步于恐惧。总是怀揣对失败的恐惧，遇到事情就刻意逃避；经常抱怨现在的状态，却缺少改变的勇气；对未来茫然无措，一直找不到前进的方向；也曾试过迈出第一步，但事情还没做的时候，就已经开始忐忑不安。这样状态下的你，只会离梦想越来越远。有时候，不妨疯狂一回，试着把恐惧抛之脑后，为梦想多一分勇敢。这世界上唯一值得我们害怕的就是害怕本身。

STEP THREE

平凡与非凡之间，差的只是习惯

如果没有拼尽全力过，我们会想当然地以为那些成功的人有着可遇不可求的机遇。然而事实是，真正让人与人之间产生差距的，是习惯。良好的习惯无异于成功捷径。比如：一个太大的目标只会把自己压垮，我们只需将大目标分解成小目标，再制订一个切实可行的计划，从点滴做起，就会容易得多；古语说“近朱者赤”，我们可以借鉴成功人士的思考方法和生活方式，成为更好的自己。

STEP FOUR

别让自以为是抹杀了你之前所有的努力

不可避免地，我们把自己当作世界的中心，这种自以为是的态度除了彰显自我，还会让我们离朋友越来越远。没有谁是一座孤岛，虽然每个人的追求不同，但我们都是需要被爱、被帮助的人。真正的成功，是点亮更多人的人生！试着去感谢遇见的每一个人，学会与人分享成功的喜悦，敞开心扉，帮助别人，让自己的人生变得丰满。

警告！

阅读本书，可能会破坏你现有的认知结构。

PREFACE 前言

你要相信，这个世界终会认可自己的努力

以你现在的努力程度，还轮不到拼天赋

“我一心一意想考取资格证，却无法静下心来坚持学习。”

“无论做什么都觉得自己不能成功，感觉非常迷茫。”

“我一直朝着成为有为之士的目标努力，却丝毫感觉不到自己的进步。”

“我拼命地工作，却没有什么成果。”

“是不是我太笨了呢？”

“我就是没那种命。”

这种没有自信、盲目奋斗而毫无成果的人，有一些类似的特点：总怪自己的条件不好、基础差、底子薄、缺乏天赋等，

不一而足。不过在我看来，他们无法成功的根本原因只有一个：不够努力。事实上，以大多数人的努力程度，还远远轮不到拼天赋。

当你的努力还撑不起野心时

我是二十九岁开始独立创业的，从大学毕业到自主创业的六年里，我辗转于多家企业，一直从事营销工作。可能有些自夸，但我确实无论在哪一家公司，都是仅用半年甚至更短的时间，便一跃成为最佳营销员。这样的我有很多机会指导自己手下的工作人员和其他营销员，有时甚至还会为其他公司的营销员出谋划策，一共大概指导过三百多人。

在这一过程中，我注意到一件事。

那就是，虽然我教授的内容完全相同，而且每一次都会做现场示范，让大家当场掌握各种技巧，可是，

◎ 有的人无论如何也学不会。

◎ 有的人业绩突飞猛进。

而且，更奇怪的是，有的人无论是学历、营销经验还是交际能力都不错，可就是止步不前；相反，有的人无论是写报告的水平还是交流能力都不是很优秀，却能够在一个月之内将业绩提升2—3倍。

这到底是怎么回事呢？为什么会有如此大的差异呢？

直到我独自创业的时候，这一疑问仍然存在。我依旧无法揭开谜底。

有了自己的公司之后，作为企业策划人，我一边为企业和个人进行品牌策划，接受各种拓展营销规模的咨询，一边举行研讨会和公开讲座。两年间，向五千多位朋友介绍了营销方法、独立创业的方法、提升交流水平的方法以及有效管理时间的方法。这其中也同样是有些人很快就提高了业绩、增加了收入，而有些人却始终没能取得成效。

好奇心使然，我开始独自调查并分析那些“没能取得成效”的人，关注点包括他们的学历、工作状态、生活方式、利用时间的方法等。

随着对这些人不断深入的了解，我终于意识到：那些无法取得成果的人内心深处有一面不为人知的“高墙”在阻碍他们的发展。我把它称为“无形墙”。

根据我的观察，“无形墙”大概可分为以下四种：

◎ 固定观念的高墙

◎ 恐惧心理的高墙

◎ 习惯化的高墙

◎ 自以为是的高墙

那么，你一定想知道在自己的内心深处有着怎样难以逾越的高墙吧？让我们来一起探讨吧！

如果你总是把事情往复杂了想、爱钻牛角尖的话，就很可能是心底形成了“固定观念的高墙”。

心里一直想着这次要做，一定要做，却总也不付诸实践行动的话，就很可能是心底形成了“恐惧心理的高墙”。

如果做事总是刚开个头就想撒手不干的话，就很可能是心底形成了“习惯化的高墙”。

如果总感觉和别人一起工作很困难的话，就很可能是心底形成了“自以为是的高墙”。

有没有觉得哪一条很符合自己目前的状况？

如果你目前的状况与哪一条有相似之处的话，就从那一条开始阅读吧。

这些墙的存在会扰乱我们的思维、动摇我们的意志，使我们无法迈出前进的步伐，丧失实现梦想的期望。

我注意到这一点之后，就开始研究“无形墙”的攻破方法，并将它作为“速成实践课”的主要研讨题目加以解读。值得一提的是，我的这门课促使80%以上的听讲者在业绩上有所提升或是得到了梦寐以求的生活。正所谓“独乐乐不如众乐乐”，所以我希望能够和更多的朋友们分享自己的一些心得体会，也期待“无形墙”的攻破方法能够为更多的读者排忧解难。

为了增加本书的说服力，请允许我进一步展示自己的成果。参加我的研讨会之后，能够出书的人就超过了四十位，而且还不断涌现出取得惊人成绩的企业家。比如说：有在短短几年内将企业做大、做强，拥有三十多家分店，产品畅销海内外的餐饮集团的老总；有每月网上点击率高达五千多万次的网页拍卖运营者，等等。当然这都是他们个人努力的结果，不可能仅仅是因为参加了我的研讨会就思如泉涌或者一夜暴富，但是从他们参加研讨会前后的心理状态、思考方式以及最终成绩来看，无一不说明“无形墙”攻破法的可行性与重要性。也许，就在一念间，某个人想起了研讨会中的某个情节而做出了某个决定，而这个决定哪怕只是一通电话都可能为他之后的生活带来很大的影响。所以，虽然最终的行动者是你自己，但能够促使你做出最终决定的念头却很可能是源于这本书。还等什么？快来这里，找到你无限美好的未来吧！

让奇迹在你的生命中发生

在我们的意识之中，有掌管思考能力、理性分析的显意识，以及在我们自己尚未发觉的领域里聚集着以前种种记忆的潜意识。

而“无形墙”大多是在潜意识里形成的，所以无论我们多么想理性地“克服这道难关”，一旦遭到潜意识的抵抗，就无能为力了。

你听说过1999年放映的电影《黑客帝国》吗？电影的主人公尼奥接受了一个叫作“飞越计划”的训练。训练内容就是在高楼大厦间飞越穿梭。

尼奥每次从一个楼顶奔向另一个楼顶之前都会在心里默念：

"我要飞过去喽！"可是，总免不了手冒冷汗、面色苍白。这就说明，无论显意识里多么努力地想要克服恐惧心理，潜意识里还是会害怕、发抖。

虽然下定决心助跑、起跳，但总是无法飞越到对面的楼顶上。这是因为尼奥在潜意识里无法接受飞越这一惊险尝试，所以不管怎么努力都以失败告终。

这虽然只是电影中的一段情节，但在现实生活中，我们的内心经常会发生类似的情况。比如说，考试开始之前，亲朋好友都会反复叮嘱自己不用紧张，这只是个小考试，结果并不重要。自己也一直在心里默念"我能行""没什么大不了的"，可是握着笔的手却将你的紧张心理暴露无遗。因为你在潜意识里早已认定这次考试对你来说很重要，所以不管脑子里再怎么想镇定，心里还是会紧张。为此，本书专门介绍了驯服潜意识、攻破心理高墙的方法。相信会对大家的自控能力起到很大的作用。

那么，现在我要说的就是如何轻松攻破深藏在你心底的"无形墙"。只要你掌握了这个方法，无论是工作还是学习，你都会取得良好成果，深刻感受到"真的进步不少""自己完全可以"等全新的体验。这个方法可以帮助你在自己一直努力奋斗的领域里摆脱"不能"之说，重获新生。

◎ 无论做什么都没有成果。

◎ 虽然总想要做些什么，可就是迈不出第一步。

◎ 渴望能够考取某个专业资格证，却总也无法坚持学习。

◎ 我都已经全力以赴地在努力了，可周围的人就是不赞同我的观点。

有这种感觉的朋友，请你一定要把这本书读完。

本书中介绍了三十二种“无形墙”的攻略方法。

如果在阅读的过程中发现了适合自己的方法，强烈建议你将它应用到实际生活中。相信对你的工作和学习都会有所帮助，你一定会真实地体会到业绩的上升和自己的成长。

如果本书能够为你的人生带来更多可能性的话，这将是鄙人最大的荣幸。

INTRODUCTION　导读

从努力到梦想，总共分四步

暂停匆匆的脚步，找到你心中的路

阅读这本书之前，我们先来解释一下“无形墙”的内涵。阻碍我们成长的高墙大致可以归为四种，它们又分别有着自己的内涵：

1. 固定观念的高墙 = 顽固的思考模式
2. 恐惧心理的高墙 = 顽固的感情模式
3. 习惯化的高墙 = 不会变通的行为方式
4. 自以为是的高墙 = 不会变通的心理模式

如上，一旦内心失去了灵活性，变得顽固不化，就会把自己困于高墙之内，四面楚歌。

知己知彼，百战百胜。接下来，就让我们依次探索四种“无形墙”的特征吧！

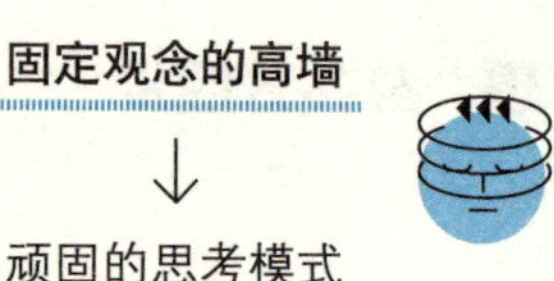
固定观念的高墙
↓
顽固的思考模式

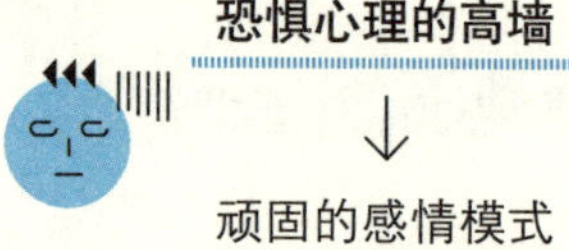
恐惧心理的高墙
↓
顽固的感情模式

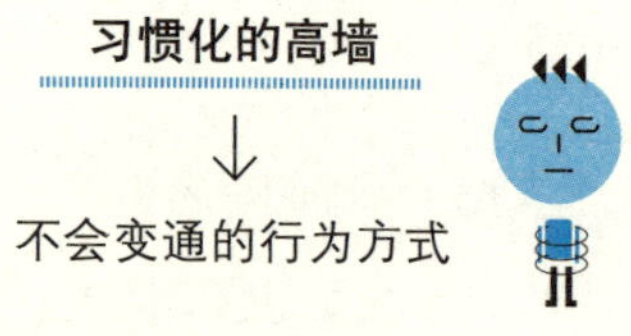
习惯化的高墙
↓
不会变通的行为方式

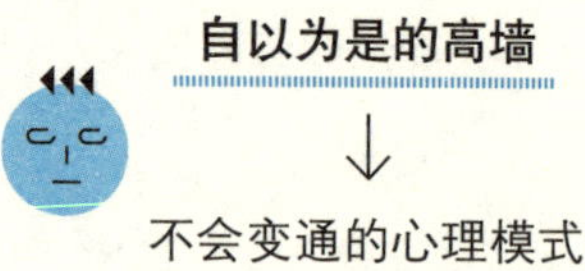
自以为是的高墙
↓
不会变通的心理模式

人生本来不设限

个人的经历、儿时父母的耳提面命、长大后接受的教育方式等形成了我们的价值观和思考模式。比如说：

- 没有手机的日子我可过不了
- 金钱是最肮脏的
- 坚决不能迟到

这种类似的价值观一旦沉淀下来，成为固定观念，就会在不知不觉中排除掉其他的想法和不同的见解，也就是建起了“固定观念的高墙”。

我的学生A就有一个固定观念：“工作忙起来哪儿有时间旅游呀！”

听说，A最喜欢去冲绳玩，可是由于工作繁忙近一年都没有去过。我就提议：“最近去那儿玩一个礼拜怎么样？”他却说：“这个月要开始写书会很忙，没时间去。”

于是，我建议道：“如果著书的材料、调研都弄好了的话，就去冲绳一边尽情玩一边写呗。第一天和最后一天好好享受一下大海的温存，其间的五天就用来写作，也许会思如泉涌哦。”

A听了我的话之后不禁目瞪口呆，惊叹道：“啊！还有这招，我怎么没想到呢！”A正是因为有“冲绳就是去玩乐的地方”这种固定观念，而忽视了“旅行期间也可以工作”这个简单的道理。所以，只要将固定观念打破，问题就会迎刃而解，根本没有那么困难，更谈不上“不能”。

我的另一个学生B，小的时候很会讲故事，写字却很难看，经常被老师和父母批评，虽然坚持每天练字却没有什么明显效果。所以，他变得很没自信，总觉得自己不行。一次学校举办作文比赛，老师希望B也能报名参加，可是他觉得自己的字写得那么难看，报名也是白费，怎么都不肯参加。老师就用他之前写的作文投了稿，没想到由于内容新颖、题材独特而得到了评委老师的青睐，获得了二等奖。B知道了真相，才意识到原来自己也能行。事实上，虽然他的字并不漂亮，但正是由于他刻苦练习而且用心地写每一篇作文，他才有机会获奖。从此，B成功走出了“我不能”的高墙，继续不断磨砺自己，逐渐走向了“可能”的道路。

可见，“固定观念的高墙”背后隐藏着一个全新的自我。为了找到他，我们需要飞越这面“高墙”，进而挖掘出自己更多的可能性，这也是迈向“可能”的第一步。

恐惧偷吃了梦想，所以才跌跌撞撞

当我们面对新事物时，总会在激动不已、满怀期待的同时，夹杂着几分不安。如果失败了该怎么办呢？要是想不通的话可怎么办呢？这种不安感过于强烈的话，我们可能连迈出第一步的勇气都没有；抑或即使迈出了第一步，也会在第二步、第三步时举棋不定。这种踌躇不安的感情模式就是源于“恐惧心理的高墙”。

以前，有一位叫B的人找我进行一对一咨询，他拜托我告诉他如何提高新兴产业的销售额。我就从市场和经营的角度给了他一些建议。这些建议在其他人身上屡试不爽，所以我也期待着他的好消息。

可是，一个月过去了没有起色，两个月过去了还不见好转，他就又来找我商量。我便问他是不是有什么别的问题，他告诉我他将针对资料申请人的电话业务推迟了。

原来如此，B因为害怕被拒绝，所以迟迟不愿启动电话业务，错失了与客户终端的联系，无法充分宣传新兴产业的特色，更无法了解客户端的反馈意见与最新要求。所以，才导致销售额月月持平，毫无提高。这就是B“恐惧心理的高墙”在作怪。但是，如果强行让害怕失败的他去搞电话业务，恐怕会适得其反，使事态越发糟糕。

于是，我建议他放弃以电话为主体的经营手段，而改用网络与电话交替进行的营销方法，并通过职务扮演训练法来掌握被回绝时简单的交涉语言。不出所料，一个月后，他欣喜地告诉我他的销售额提高了。

一直将事情往后推，或者总是无法踏出最后一步，这些现象都是“恐惧心理的高墙”造成的。不过，其实“恐惧心理的高墙”是相对薄弱的，只要鼓足勇气，一下子就可以将其击破。

之所以这么说，是因为恐惧心理大都是我们自己在脑海中形成的幻想。就拿刚才提到的B来说吧，他上小学的时候，家附近有个泥潭，被称为无底洞。有传言说一旦落入泥潭中就会被拽入潭底，小孩子都吓得不敢靠近。有一次，B把跳高用的竹竿扎进泥潭里，结果水深只有五十厘米。别说无底了，连膝盖都只是勉强没过，就这么浅。

这个简单的例子告诉我们，有时即使看起来很可怕的东西，其实也没什么了不起的。“恐惧心理的高墙”也是如此，很容易就可以击破。只要你做好心理准备，大胆迈出第一步，之后就会越来越顺利啦！当然，绝不可以盲目大胆，武断行动。要步步为营，稳扎稳打才行。

优秀是可以养成的，就怕你不知道

人们在日常生活中的行为模式都是在无意识之间形成的。比如，早上洗脸的方法、刷牙时手握牙刷的姿势、刷牙的顺序等，每个人每一天的生活都有着固定的模式。

可是，一旦这种日常生活中的行为模式经过岁月的积累，逐渐固定下来的话，就无法再加入新的元素了。如同面对一面铜墙铁壁，想要再插入哪怕一块砖瓦都是不可能的。

这样一来，新产生的行为就无法成为新的习惯，也就是形成了“习惯化的高墙”。

C经营的公司近年来与中国的贸易往来日益频繁，因此去中国出差的机会也越来越多。之前一直是依靠翻译人员来谈生意的，可是他和翻译之间没能建立起坚实的信赖关系，工作出现了瓶颈。于是，他下定决心要自学外语。

可是经过一年的努力学习，他的外语还是没有什么进步。他总是觉得工作太忙没有时间好好学习，因此找我们进行咨询。

我建议C说："在计划其他事情之前，先把学习外语的时间放在日程表里，这样就可以确保学习外语的时间了。"于是，他决定每天早上六点开始自习一个小时，每周六上午都要到外语会话教室练习口语。相信在不久的将来，他的外语水平一定会突飞猛进的。

这就如同当你无法把一块金子放进墙壁里时，最简单的做法就是从墙里取出一块砖，把更为重要的金子优先放好后，再去放其他不重要的砖块。人们不是常说：时间就像藏在海绵里的水，挤一挤总会有的。所以，只要勇于打破习惯，重新排列自己的时间，"太忙了没有时间做……"的说法就会不攻自破了。

但是，有一些事情需要很多时间，工作量很大，想一口吃个胖子，把这样的事情一下子都变成自己的习惯的话，就会被"习惯化"这堵"无形墙"反弹回来，弄不好还会撞个头破血流。所以，面对"习惯化"这堵高墙时，我们要一点一点地找到突破口，使其逐渐成为习惯，切忌性急。马克·吐温有句名言："习惯是很难打破的，谁也不能把它从窗户里抛出去，只能一步一步地哄着它从楼梯上走下来。”

而且，习惯也是有轻重缓急之分的，不可以因为每天都这么做就把它当作必须做的，我们应该在可能的情况下，每隔一段时间就适当改变自己的习惯，这样才会使生活更加丰富多彩，才有机会挖掘自己更多的可能性。

你有多重要，别人说了算

人们总会下意识地觉得自己才是最重要的，以自我为中心的思想从未在人类中消失过。可是，“只要我觉得好就可以”“自己是最与众不同的”“失败的话多丢人啊”等这样的私欲、自尊心越是强烈，就越容易引发各种各样的问题。相信这已是不言而喻的事实，随着这种私欲、自尊心的膨胀和凝结，他人便不敢轻易走近你、与你亲近，自然也就形成了“自以为是的高墙”。

有一家办公室机械专卖店，是由五个人组成的营销队伍，D是领班。面对公司的工作定额，D经常会超额完成，可是五个成员中的其他四个人连一半的工作定额都无法完成，队伍的工作氛围日趋沉重，大家也越来越没有干劲。

我曾问过D："你指导过那些无法完成工作定额的员工们吗？"对此，D有些义愤填膺地说："每个人的营销方法各有不同，我又不知道自己的方法是不是适合他们。而且，如果真想学习我的方法的话，就要在一旁仔细观察，哪怕是盗用也无所谓啊。我也是这么从前辈那里学来的，干营销的这点学习意识都没有，那怎么行呢？"

我建议道："确实你的工作方法不一定适合其他人，但是你的做法确实是最有效的呀。如果能够把你的方法一点一点灌输给其他人的话，大家都会有所发展。也许其中有的人就会因为你的方法而提升业绩，这样一来大家就会更加信任你，团队整体的氛围也会有所改善。"

D自负于能够摸索出自己的独特方法，而又有私心，不想把自己苦心摸索出的营销方法告诉其他人，这虽是人之常情，却使其与其他成员之间产生了隔阂，使大家不愿亲近他，试问这样怎么能成为团结的营销队伍呢？这正是所谓的"自以为是的高墙"带来的后果。

中国古代战国初期著名的政治家吴起是一位军事和政治上的鬼才。吴起一生中鲜有败绩，可以说是战神，在政治上提出的改革方案，促使楚国成为当时的霸主。吴起在作战时号令严明，在出征途中愿意和普通士卒同甘共苦，赢得了士卒的爱戴，以至于士卒为其战死亦在所不辞。吴起的军制改革消除了当时军事上士卒作战不积极的弊病，使其国家的军事强于其他国家，正因此才能抵御强国的入侵，侵占小国的领土。

这个故事告诉我们：领导在管理过程中要放下架子，平等地对待部门或团队的每一个成员，只有这样才会提升团队的整体业绩。

了解了“自以为是的高墙”的危害性之后，我们应该怎么攻破它呢?

如果有人伤了你的自尊心，你们之间就会有很大的隔阂，从而形成无法逾越的高墙。同样的道理，如果你自己想要强行拆掉内心深处“自以为是的高墙”，那么潜意识就会形成自我保护，促使“自以为是的高墙”变得更加稳固。所以，我们要反复摇晃这面墙，使其渐渐土崩瓦解。

MEASUREMENT　测试

为什么你那么努力，梦想仍遥遥无期

在我们掌握了四种高墙的特征之后，就来检验一下你自己内心深处是否存在“无形墙”吧！

这份问卷调查有十六个问题，每个问题有四个选项：1（完全匹配）、2（基本匹配）、3（不太匹配）、4（完全不匹配），用笔写上你认为合适的数字。下一页写有评分方法和诊断标准。

你内心深处的“无形墙”问卷调查

读下列问题，选择合适数字用笔圈上。

1=完全匹配　2=基本匹配

3=不太匹配　4=完全不匹配

问题1	你的好奇心很强。	1 2 3 4
问题2	如果有想做的事情，不尝试着做就会觉得不舒服。	1 2 3 4
问题3	喜欢默默地持续做事。	1 2 3 4
问题4	即使是和与自己持不同意见的人也可以友好相处。	1 2 3 4
问题5	很有自信。	1 2 3 4
问题6	即使没有明确目标，也会先做着试试。	1 2 3 4
问题7	不会在确定目标或者制订计划时感到痛苦。	1 2 3 4
问题8	自己会主动找对方说话。	1 2 3 4
问题9	思维发散，善于联想。	1 2 3 4
问题10	即使失败也会很快恢复自信。	1 2 3 4
问题11	在原定计划行不通的时候会立即进行修改。	1 2 3 4
问题12	不计较胜负成败。	1 2 3 4
问题13	认为自己是可以改变的。	1 2 3 4
问题14	不和别人攀比。	1 2 3 4
问题15	即使“三天打鱼，两天晒网”也不在意。	1 2 3 4
问题16	愿意和别人分享自己喜欢或觉得有用的信息。	1 2 3 4

评分方法

在表格内填入你的答案，算出总分

“固定观念的高墙”的分数

问题1	问题5	问题9	问题13	总分

“恐惧心理的高墙”的分数

问题2	问题6	问题10	问题14	总分

“习惯化的高墙”的分数

问题3	问题7	问题11	问题15	总分

“自以为是的高墙”的分数

问题4	问题8	问题12	问题16	总分

DIANOSIS

诊断标准

根据每一面墙的总分来判断

总分数	诊断
4—7	您目前没有这面心理高墙，可以在必要的时候灵活使用相应的攻略。
8—10	您有一点高墙阴影，可以适当使用该高墙的攻略，重在坚持。
11—13	您的高墙阴影有不断扩大的趋势，需要至少应用2个攻略，而且一定要持续进行。
14—16	这面心理高墙已经形成了，需要持续应用3-4个攻略，将高墙逐步击破。

既然选择了 hard 模式，就好好读读攻略吧

我们采用了漫画的形式对这四种高墙的攻略方法进行了诠释。

攻略的漫画被纵横交错的两条轴线分成了四个区域。横轴的两端分别是“一鼓作气势如虎”和“稳如泰山气如虹”，纵轴的两端分别是“每一次都有相应的效果”和“反复多次后才初见端倪”。

“固定观念的高墙”需要靠“飞越”来突破，漫画里的形象也正是飞越而过。想象：自己身轻如燕，一跃而起跳过高墙，与其背后隐藏着的全新的自我不期而遇。这需要我们放松心态，怀着愉悦的心情去尝试，屡试不爽哦。

“恐惧心理的高墙”需要我们逐步“击破”，漫画里的形象也正是如此。想象：自己首先要心平气和，然后再出其不意，攻其不备，将其一拳击毙！这种攻略需要在冷静地自我分析之后，一鼓作气势如虎地进行，而且每一次效果都会很明显。

“习惯化的高墙”需要通过钻孔来实现突破，漫画里的人物也正是在钻孔。但是切记不可以意气用事，需要用钻头一点一点打孔，使空隙逐渐扩大，最终打破高墙。

“自以为是的高墙”需要不断摇晃才能倒塌，漫画里的人物也正是在用力推墙。反复来回地推墙，不停地摇晃墙根，使其逐步松动，最后再将其全力推倒。

接下来，从第一章开始，具体介绍“无形墙”的攻略。这些攻略看起来很容易实施，那么就让我们一起来实际应用一下吧！无论采用哪一个攻略都会是很有趣的事情，让我们以游戏的心态开始真正的挑战吧！

“无形墙”的攻略

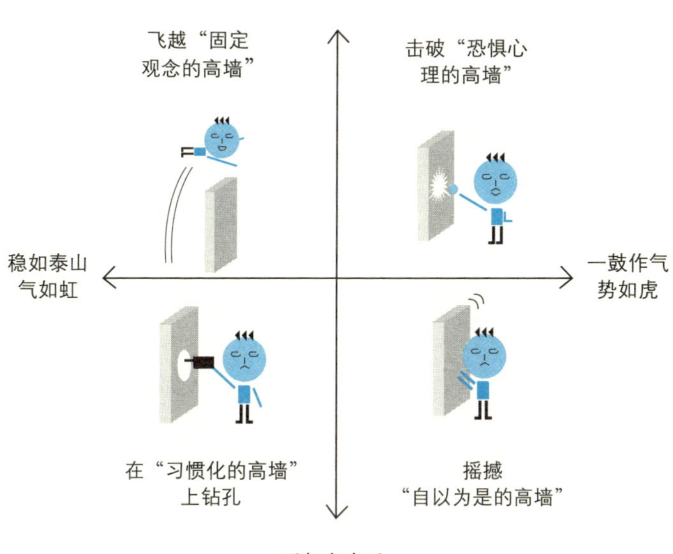
每一次都有
相应的效果
飞越“固定
观念的高墙”
击破“恐惧心
理的高墙”
稳如泰山
气如虹
一鼓作气
势如虎
在“习惯化的高墙”
上钻孔
摇撼
“自以为是的高墙”
反复多次后
才初见端倪

STEP ONE

没有谁能困住你，除了你自己

大多数人的人生之所以受到限制，是因为我们将认识问题的视野框定在一个狭窄的范围内。还没尝试过，就跟自己说不可能；当机会来临，总觉得自己不够优秀，还没准备好；觉得自己一无是处，人生没有别的选择，也没有努力的方向。仔细想想，你是不是经常会这样呢？你又为自己关闭了多少扇门，错过了多少精彩的人生？这世上没有什么可以真正困住你，除非你自己甘愿被失败奴役。可是，你甘心吗？你愿意放弃自己吗？有时候，不逼自己一把，你永远不知道自己有多优秀。

任何人都会有一些自己的固定观念。这些观念有时可以帮助我们更加容易地把握眼前的世界，可有时又会由于过于执着而形成无法逾越的高墙，使我们难以准确把握事物的本质，做出错误判断。这也就是俗语里常说的“认死理”“钻牛角尖”，可想而知，一旦你的某些观念固定下来，根深蒂固之后就很难被动摇。面对各种问题都会下意识地套用固定观念，继而放弃了其他想法，没办法发散自己的思维，更不要说创新了。可见，“固定观念的高墙”对我们的束缚有多大。

特别是那些对自己不利的固定观念，很有可能会大幅度削减我们未来发展的可能性。

比如，如果你一直认定“我学历不高，是不可能当上科长的”或者“我不擅长交际，不适合做营销工作”，那么遇到一点挫折你就会想要放弃，或者在还差一步就可以成功的时候你却止步不前。这样的话，肯定不会有好结果。这种由固定观念带来的消极暗示，不知道已经让多少人在星光大道前徘徊，最终与成功擦肩而过。所以，摆脱对自己不利的固定观念的束缚势在必行，一定要在自己做出悔恨终生的判断之前飞越这面高墙。

还有一个大问题。

当你面对新事物的时候，总是觉得自己已经知道了，或者听说过类似的事物，从而容易错过对新事物的把握。这样的话是不能深刻理解知识的内涵和经验的意义的。尤其是对于学生和初入社会的年轻人而言，这样的固定观念是很可怕的。仿佛是无际沙漠中的一片幻影，开启的不是希望之门而是满手流沙，使人无从琢磨，更无法把握。我们一定要看破幻影，飞越“固定观念的高墙”，抓住隐匿其后的事物本质。学生要认真学习每一个知识点，深刻理解之后，才有资格论深浅；初出茅庐的年轻人更要耐心听取前辈的经验与教导，不要以为别人的理论都是无稽之谈，要知道真正的感受如何，只有经历后才会懂得。

在这一章里，我们将会把您从“我不行”的束缚中解救出来。主要任务就是帮您清醒地认识自己，为您未来的发展开拓道路，介绍一些飞越“固定观念的高墙”的方法，使您能够发现高墙背后全新的自我。

如果可以穿越到未来，你希望看到一个什么样的自己

“十年之后，你想成为怎样的人？十年可以给你想要的一切。让我们来想象一下十年之后自己的理想状态吧！”

这是我在进行研讨会和个人咨询时必不可少的项目，非常有趣，大家也可以试一试。

想象十年之后理想的自己

1. 轻轻闭上双眼，深呼吸两次。

2. 在脑海中想象自己的理想状态，“十年之后我想变成这样”，什么表情？够不够沉着稳重？是不是充满自信？着装如何？

3. 然后想象一下自己的生活状态。年收入多少？家里几口人？房子是什么样的？每天生活如何？

4. 和十年后的自己融为一体，体会一下当时的感觉（1—2分钟）。

5. 慢慢睁开眼睛。

感觉怎么样?

当你在想象十年后的自己时，潜意识里就会向那个形象靠近，进而强烈要求将其现实化。

同时，通过体验十年后的美好感觉，你会更有动力。以此状态进行工作或者学习的话，就会事半功倍，加速向十年后的理想状态进军。

无为之人⤵

不怎么考虑
将来的理想状态

↓

维持现状，工作、
个人都没什么发展

有为之士⤴

反复想象十年后
理想的自己

↓

潜意识里想要
实现这一理想

十年可以改变很多事情

探险家哥伦布曾经说服葡萄牙和西班牙的王室，历经九年的时间开辟了通往美洲的新大陆。

著名的“阿波罗”计划亦是如此，在肯尼迪总统发表声明之后的第九个年头，终于向月球成功发射了载人宇宙飞船。

我的启蒙老师，一位美国著名的咨询师曾说过：“十年可以使你的收入增加十倍。”经历十年的社会磨炼，我的收入已经达到了最初收入的二十倍。

即使你认为这是不可能的也没有关系，请随意地大胆想象，因为想象是自由的。

十年后的理想形象，越想越明确，这份理想就会牵引现实中的你不断进取。所以，一个月至少要畅想一次。

想象十年后理想的自己

首先，深呼吸

轻轻闭上双眼，慢慢深呼吸两次

想象十年后自己的样子

表情、着装、气场等

想象十年后自己的生活状态

年收入、家人、居住地、房子、每天的时间安排等

和理想中的自己融为一体

感受充实和激动的心情（1—2 分钟）

慢慢睁开眼睛

伸展一下筋骨，动力倍增

和自己拧巴一下，能让你过得更洒脱

由自己的经验、父母或亲戚朋友的教导而形成的固定观念，使我们在处理问题时，自动贴上标签，给出自己的处理方法。但是这样的观念往往带有片面性，不能够全面客观地看待问题。哲学大师们不是常常教导我们“一切都是矛盾着的”吗？那么，就让我们来探索问题的两面性吧。有意识地训练自己从反面来看待问题。

比如说，“收入增加就是幸福，反之就是不幸”“考上大学就是幸福，反之就是不幸”这些想法都是固定观念、所谓的常理，但是我们只要稍微动动脑筋就会发现这种观念并不是真理。你甚至可以举出身边的例子来将其驳倒，比如说，有的男人事业成功之后，没有抵挡住美女的诱惑，而抛弃自己的结发妻子，最终被骗得人财两空，这种收入的增加又有谁会说是件幸运的事呢？反之，患难之时见真情的例子也为数不少吧。幸与不幸，自在人心。虽然在当今社会，人的幸福离不开金钱，但是它绝不仅仅取决于金钱。同样的道理，考上了大学也不一定就能获得幸福。所以，所谓的常理往往容易造就固定观念，导致我们无法全面地看待问题，得出片面的结论，尤其当这一结论会对我们造成负面影响时，请千万慎重。

那么，我们只要反复训练自己想到与自动标签相反的解释，就可以挣脱固定观念的束缚，自由地思考啦。当然，这并不是说要把自己的想法弄得与社会常理格格不入，而是在第一反应之外拓展自己的思维，想到别人想不到的事物的另一面。

具体来说，就是让我们试着找出积极事物中的消极一面和消极事物中的积极一面，这是一种不同于以往思考模式的全新训练方法，试一试吧，这可是很有趣的哦。

我们就从身边可能发生的事情开始尝试

想象一下你被任命为公司某项目的负责人。

被选为负责人当然是件很高兴的事情，但是，相反的，要意识到身上的责任变重了，压力也更大了。更现实一点说，除了地位有所提升之外，不但没有什么物质奖励，还会因此失去应有的加班费。别人工作时，你也工作，可是不但要做好自己的工作，还要监督组员的工作；别人休息时，你不能休息；别人下班时，你要坚持等到最后一名组员离开后才可以走。项目的成功是大家共同的成绩；项目出现任何差错，身为负责人的你要承担全部责任，被降职甚至辞退……想到这些，你还会得意忘形吗？

再想象一下，公司正值多事之秋，你却感冒了。

一看就觉得是件不太愉快的事情，可是，假如你意识到这是个难得的好好休息的机会：可以不再被妻子抱怨只顾工作不顾家庭；可以久违地看看喜欢的球赛，喝点小酒，吃点小菜；可以不再忍受上司的百般挑剔；可以逃离同事间的尔虞我诈、明争暗斗；可以不再被繁重的工作压得喘不过气来……怎么样，是不是觉得身心舒畅啊？

可以更好地控制个人情绪

如上，这种训练方法可以让你从正反两个方面把握事物的本质。这样一来，高兴得手舞足蹈的时候也可以及时冷静下来，发生什么不幸之事的时候也可以以一颗平常心对待，能够更好地控制个人情绪，时刻保持良好心境。

我小时候很喜欢看《罗宾三世》这部动画片。侠盗罗宾不仅性格开朗，而且脑子灵活。当计划顺利进行时，他会冷静地想到这可能是陷阱；相反，当事情不顺利时他会及时改变策略。

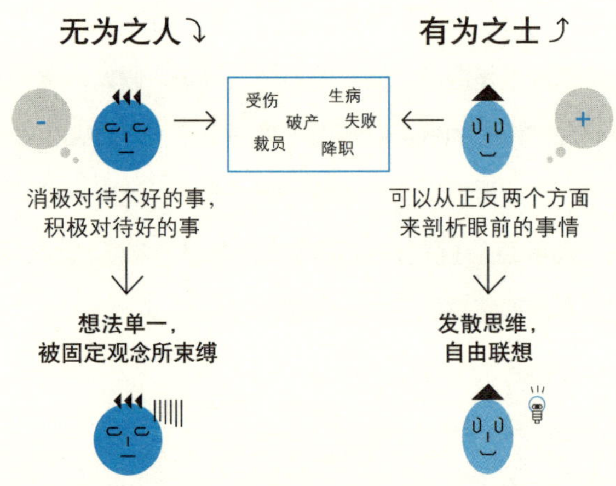

盗窃成功也不得意，失败亦不退缩。被同行的峰不二子欺骗、被警察追捕的时候，从容依旧。

我想如果像罗宾这样性格的人真正存在的话，那么他无论是工作还是生活都会很顺利吧。

可是，实际生活中的我们不可能像动画片里主人公那般逢凶化吉、遇难成祥，无论遇到什么状况都能立于不败之地，所以，虽然我们无法达到理想化的生活状态，但至少应该学习侠盗罗宾的处事原则和态度，相信这对我们的学习、工作，乃至日常生活中的琐事都会有所帮助。想要成为成功人士，就先来培养自己的侠盗精神吧！不被假象迷惑、摆脱固定观念、能够从多个角度解释问题，就是侠盗精神的精髓，也是成为有为之士的必备条件。让我们一步步进行训练吧！

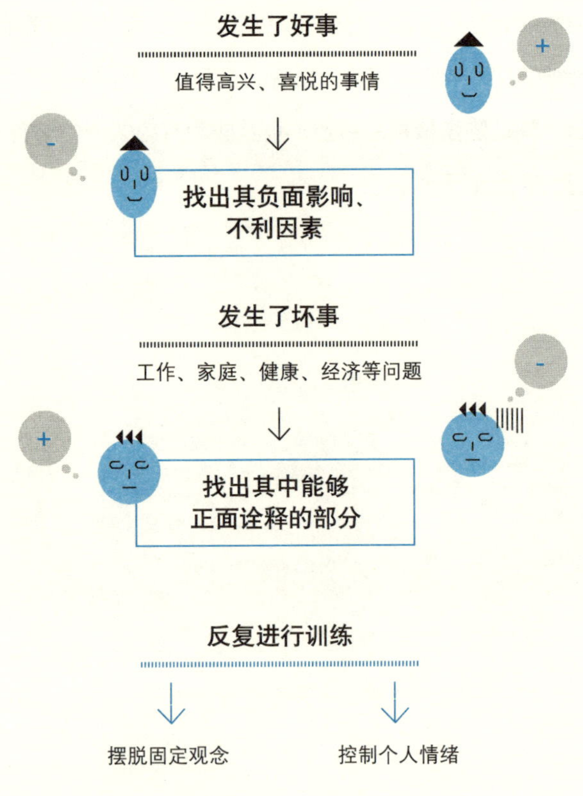
从反面来诠释问题
发生了好事
值得高兴、喜悦的事情
找出其负面影响、不利因素
发生了坏事
工作、家庭、健康、经济等问题
找出其中能够正面诠释的部分
反复进行训练
摆脱固定观念
控制个人情绪

梦想还是要有的，万一实现了呢

请随性写下100个你在死前想要得到的东西或者想要完成的事情。

我们通过学校的教育和在社会的打磨学会了如何控制自己的欲望。比如：上课时要注意听讲，不可以交头接耳；开会时要虚心听取别人的意见，不可以固执己见；那种名贵的晚礼服只有有钱人才会穿，自己没有钱买，更没有场合需要穿，等等。

在不断自我控制的岁月中，我们形成了“欲望是要压抑的”这样一种固定观念，导致大家即使有什么想要的东西或者想做什么事情时也会下意识地去逃避。比如：上课就是给老师自我展示的机会，和我们学生没什么关系，更不需要我们去做什么讨论，渐渐地我们习惯了沉默，丧失了发言的积极性，对学习也就越来越没有兴趣；开会只是走走形式，听那些发言人的报告就好了，谁也不会说出心声，更不想得罪人；逛商场时没有欣赏名贵服装的欲望，甚至为了避免难过绕道而行，等等。

所以，如果能够把自己的欲望——想做的事情和想要的东西——都写出来的话，就可以飞越“欲望是要压抑的”这座高墙，摆脱掉固定观念，就会接触到很多预想之外的事，从而发现全新的自我。还是刚才的例子：上课时认真听老师讲课之后，如果能够与同学积极讨论，面向大家作报告，提出自己或者小组的观点的话，学习效果会更好，而且积极性也会越来越高涨；开会之前认真阅读相关资料，对发言人的论点有所了解之后，再来听取会议，就会胸有成竹，敢于提出自己的观点，且有理有据，让人信服；买一件相对而言较为名贵的衣服，满足一下自己的爱美之心，同时了解这类服装的特点，与同样喜欢它们的朋友找到共同语言，也许你就是下一个“灰姑娘”哦！

因此，希望大家能够拿出率真的性情，忠实于自己的心声，写下你的100项人生选择。

不要考虑能不能做到

在尝试列出你的100项人生选择时，一定不要在意能否做得到，随性就好。

因为我们的目的是帮你打破固定观念这堵墙，所以没有必要花心思去判断能不能做到。而且，你现在觉得不可能做到的事，谁又能保证永远不可能实现呢？所以，别浪费时间在无谓的担心上，更加不要在意别人的想法，没有谁有权利对别人的梦想指手画脚，如果真有这样的人，那只能是他们自己做人的悲哀罢了，与你何干？

更何况，一年以后，这时写下的100个愿望中至少有5—10个会实现，这可是我的经验之谈哦。

我把这个工作称为“人生的100个选择表”。凡是参加我举办的研讨会的朋友都会这样列出自己的人生选择表。并且，在第二年进行调查的时候会发现平均每人至少能实现10个愿望。

无为之人⤵ 有为之士⤴

由于有抑制自己欲望的习惯，渐渐地就不知道自己想要什么了

能够明确写出自己想要得到的东西

潜意识里本应存在的多种可能性无法开花结果

遇到相关信息就会非常敏感，及时汲取各种有益信息，促使愿望不断实现

这可不是什么不可思议的事情，因为当我们写下自己的愿望时，显意识和潜意识都会对这些愿望有所认识、记忆，这样一来，提取信息的敏感度就会大大提高，有利于梦想的实现。例如，我的一个女学生英语虽然不是很好，却梦想找到一个金发碧眼的外国男朋友。当她写下这个愿望时，说实话，我很震惊。但是，一切皆有可能，我当时只是给了她一个安慰的微笑。而那之后，她更加热衷于与外国语大学的朋友进行交流，听说还成了留学生服务中心的志愿者，并在一次年终联欢晚会上结识了她的真命天子，去年结了婚。我更加深刻地体会到爱情充满了奇迹，同时，为她能够勇敢地写出自己的愿望并积极付诸实践表示由衷的欣赏与敬佩。

选择一个特定的颜色，比如红色，记住这一颜色，当你在大街上散步时就会发现红色的招牌、红色的汽车等。这种现象被称为“红色汽车”效应，和我们刚才讲到的人生选择表有异曲同工之妙。

在选择表的后半部分会有新发现

100个愿望，当你实际动笔写的时候才会发现，前面的10个或20个还好，不要怎么思考就可以一气呵成，可是越到后面越是写不出来，甚至不得不停笔思考。

我自己最初写选择表的时候，只写了11个就不知道该怎么写了。这个时候，建议将愿望分类列出，比如说家人、工作、兴趣爱好等，这样就会写出好多。

只要不放弃，继续努力想肯定会想出意外的愿望来，我认为这些愿望才是你的本质、你的灵魂一直在寻求的东西。它们不是随便谁都会想到的，而是仅属于你的经过深思熟虑后得出的答案。它们更能表达出你的深层需要、你深埋于内心的渴望。

由此可见，人生的100个选择表，不仅是可以使你解放自我欲望的良策，还是帮助你发现自我的重要手段。下面以伟大的发明家爱迪生的例子与大家共勉，明确自我选择的重要性。

伟大的发明家爱迪生，童年时被视为“低能儿”，只上过三个月学便离开了学校。十二岁那年，他还是火车上的报童。火车每天在底特律停留几个小时，他就抓紧时间到市里最大的图书馆去读书。不管刮风下雨，从不间断。当时，他随着兴致所至，在书海里任意漫游，碰到一本读一本，既没有方向，也没有目标。有一天，爱迪生正在埋头读书，一位先生走过来问："你已经读了多少本书啦？"爱迪生回答："我读了15英尺（约4.57米）书了。"先生听后笑道："哪有这样计算读过的书的？你刚才读的那本书，和现在读的这本完全不同，你是根据什么原则选择书籍的呢？"爱迪生老老实实地回答："我是按书架上图书的次序读的。我想把这图书馆里的书，一本一本都读完。"先生认真地说："你的志向很远大，不过如果没有具体的目标，学习效果是不会好的。"这番话对爱迪生触动很大，成为他确立学习方向的一个转机。他根据自己的兴趣、爱好和专业目标，把读书的范围逐步靠拢到自然科学方面，特别注重电学和机械学。定向读书，终于使他掌握了系统而扎实的知识，成为伟大的发明家。

尝试列出你的 100 项人生选择

首先，凭自己的想象力随性而写

→去世之前想要做的事情
→去世之前想要得到的东西

分类思考

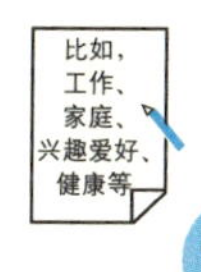

当你想不出来愿望的时候，
可以分类思考

如果能够坚持列出人生的 100 项选择的话

* 能够看清自己真正想要的到底是什么
* 能够更好地把握与目标相关的信息
* 到了第二年有希望实现其中的 5—10 项

世界大得不可思议，怎么可能容不下你

承接上文，我们再来写一写“专属于你的成功和幸福”。教你如何飞越“我这样的人怎么可能……”的固定观念之墙。

我在研讨会和演讲的过程中，经常会就“符合你自己的成功”这一话题进行讨论。当被问到“你所谓的成功和幸福都是什么呢”的时候，90%的参加者都会一时找不到合适的词，语塞而无法回答。

恐怕这也是因为大多数人平时并没有认真思考过对于自己而言到底什么才是真正的成功和幸福吧。原因之一，可想而知，是因为在学校老师没教，书本上没写，自己没学；原因之二，就是根据自己的生活经验推测出“我的人生也就这样了”的固定观念，导致大多数人没有什么欲望再去追逐成功与幸福了。追求的欲望都没有的话，空想只会徒增烦恼罢了，所以更加倾向于逃避，如此反复，人们越来越迷惘，越发不了解自己真正想要什么了。

可是，千万不要忘记，人是唯一可以随着自身的成长而有可能得到自己理想的人生和美好未来的动物。如果轻易放弃这种可

能性的话，岂不是很浪费？也许这么说有些犀利、不近人情，难道你也想过熊猫那样每天重复着吃竹子、打滚、睡觉的生活吗？如果是，那么很遗憾地告诉你，我们的社会里没有人会把你当作国宝；如果不是，那么，就让我们一起来探索“专属于你的成功与幸福”吧，并以此为指南，指引你前进的方向。

无为之人⤵

对幸福和成功没有清醒的认识，未曾认真思考过

↓

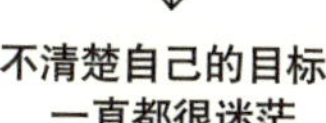

不清楚自己的目标，一直都很迷茫

有为之士⤴

清楚地知道对于自己而言什么是成功，什么是幸福

↓

朝着人生的终点不断前进

专属于你的成功和幸福是什么呢?

- 终其一生而得到的积蓄（年收入、总资产）
- 地位（在自己的职业生涯中，走到哪一步、坐上了什么位置）
- 名誉（想被人怎样称呼）

这些都可以作为自己的成功内涵列出来。

一旦你成为有为之士，将这些成功纳入怀中，那么你的外在要求便得到了满足。可是，不一定会得到幸福。我见过很多人，家资颇丰，生活却并不幸福。因此，我们不仅要写出外在的成功，还要写出内在的专属于自己的幸福。一定要有这样的信念——我不但要成功，还要幸福。

那么，所谓的专属于你的幸福可以包括：

- 令你内心充实满足的工作
- 生活方式（包含将来的居住地、住宅、家庭成员等）
- 身体健康状态

写出自己辉煌的一面

既然是专属于自己的成功和幸福，那么别人怎么想都无所谓。你只需随意写出能够令自己激动不已的、自我感觉良好的状态就好。

东京的下北泽町孕育出了很多演员、艺人。我的一个朋友也在那个地方搞各种活动，很受当地人的喜爱，在我们朋友圈里知名度也很高。我一直以为他很快就会一炮走红、名扬海外，可是，一次我们在一起吃饭的时候，他告诉我："我并不想作为歌手或者演员争名逐利。"

对于他而言，与一举成名登上文艺界的高峰相比，能够在每次演出时得到歌迷的欢呼与喝彩更使他感觉幸福。这也是一种成功与幸福的形式。所以你只要写出自己认为辉煌的一面就可以了，没有必要在意别人的眼光、世人的想法，因为这是专属于你的幸福。

思考专属于你的成功和幸福

尝试写下专属于你的成功

自己外在的丰富多彩

↓

- 一生的积蓄
- 地位
- 名誉

尝试写下专属于你的幸福

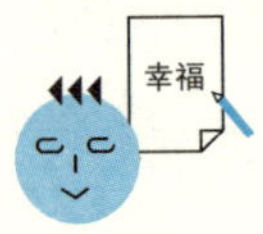

自己内在的丰富多彩

↓

- 令自己内心满足的工作
- 生活方式
- 健康状态

Hint!

把自己的辉煌写下来

用语言表达出“成功”与“幸福”

只要知道去哪儿，全世界都会为你让路

我这里有一个好方法，可以使你尽快摆脱“我不能”的诅咒，在工作中勇往直前。那就是思考一下目前工作中你的职位和使命。所谓的职位就是用来定义你是什么人物的，所谓的使命则可以理解为你被寄予的厚望或者重任。

当你清楚把握这两个概念之后就可以知道自己是以怎样的身份，被人们赋予了怎样的厚望而工作着的。你就可以体会拥有一个职位与使命的自豪感，进而转化为责任感与无限动力。这些力量会帮助你飞越“我不能”这堵“固定观念的高墙”，提升自我形象的同时，对目前工作的认识和行动都有所改善，成果也就会自然凸显。

职位是你自豪的资本

例如，人寿保险公司A公司早在二十多年前就把自己的营业推销员们称为“生活企划者”。他们通过“人寿保险，保障保险人生病时有医疗补贴，退休后有足够的生活费”，等等，为保险人提供一辈子的生活计划，并以此为使命。营销员们了解到自己工作的深刻内涵与伟大意义，并以此为荣，才能自觉遵守公司的章程，全心全意为顾客服务。

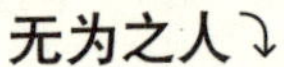

工作中，没有积极向上、发奋进取的精神

由于缺乏工作热情，所以没取得什么成绩

有为之士

拥有职位和使命感

自我形象提升，工作成果凸显

因为经营者不断向营销员们渗透“职位和使命”的概念，所以大家都取得了很好的业绩。也正是因为如此，A公司自成立以来，历经二十一年的风霜雪雨，在同行业中一直立于不败之地。

而且，“MDRT”（Million Dollar Round Table）这样的世界顶级人寿保险公司，能够加入该组织的会员有1/4都来自A公司，共计658名营销员。可见，A公司在员工培训方面做出的努力。

当然，A公司的教育体系是非常出众的，其成功秘诀应该不仅限于对职位与使命感的渗透上。但是，其他公司的教育体系也很完备，所以“生活企划者”这一概念，无疑为A公司职员带来了无上的自豪感，成为支撑其不懈努力的最终理念。

可以使用常见的句式来思考

让我来告诉你考虑职位和使命时常用的两个句式吧。

第一个是“我是某某方面的专业人士”，第二个就是“我为谁提供什么”。

“我是某某方面的专业人士”，这句话是用来思考职位时可以使用的句式。比如，我的一位好友本田健先生，他以前就总说：

“我是金钱方面的专业人士。”在目前的工作后面加上句“我是某某方面的专业人士”，就会显示出你的身份——在特定领域非常精通的人。

在思考职位的时候还可以使用“调酒师”“生活顾问”“企划人”等便利的词。我就是以“商务策划者”自居的。

“我为谁提供什么”，这句话是在思考使命时可以使用的句式。由此衍生出的公式是“B的工作是为C提供D”，这样使命的基本形式就完成了。

B是你目前的工作，C代表顾客或者与你工作相关的人，D是使C最为满意的商品价值或者服务。这样的话，你需要做的就是找出与BCD相匹配的词了。

当然你也不必拘泥于这些句式，可以随意思考，想出能够使你奋起拼搏的职位和使命吧！

思考工作中你的职位和使命

考虑你的职位

参考下表，思考职位

工作的种类	职位的举例
对某一领域无所不知	○○的专业人士
根据个人喜好和必要性来提供服务	○○的调酒师
给予适当的建议和安慰	○○的生活顾问
成为拓展事业的推动力	○○的企划人

思考你的使命

套用下列公式

通过○○为■■提供▲▲

○○……工作

■■……顾客、与工作相关的人

▲▲……使■■最为满意的商品价值或服务

如果认真思考自己的职位与使命

可以提升自我形象

可以提高工作业绩

知道自己有多美好，无须要求别人对你微笑

把你擅长的东西尽量都写下来，越多越好。

不仅仅是现在擅长的东西，孩提时代的优点也要包括在内，把它们一一列出。这也是飞越“我这样的人怎么能够……”固定观念高墙的训练之一。

虽然心里在不断祈祷自己能成为有为之士，但是潜意识总在想“我又没有什么特别出色的才能”，在这样自我否定的心理暗示下，能力就更不会有所发展了。所以我们要写出自己擅长的东西，给予自己肯定的暗示，逐渐培养自信心。

美国作家爱默生说：“自信是成功的第一秘诀。”可以说，拥有自信就拥有无限机会。那么如何增强自信呢？

增强自信的首选方法就是关注自己的优点。在纸上列出自己的优点，无论是哪方面（细心、眼睛好看等，多多益善），在从事各种活动时，想想这些优点，并告诉自己有什么优点。这样有助于你提升从事这些活动的自信，这叫作“自信的蔓延效应”。这一效应对提升自信效果很好。

为了让你能够写出“优点圆环”而准备的问题

我将擅长的东西称为“优点圆环”，不太擅长的东西称为“无能圆环”。那么，我们的目的就是磨砺自己的“优点圆环”，使自己成为拥有同样优点的人中最为出色的一个。有了自信以后，才能够在学习和工作中积极进取，努力奋斗。

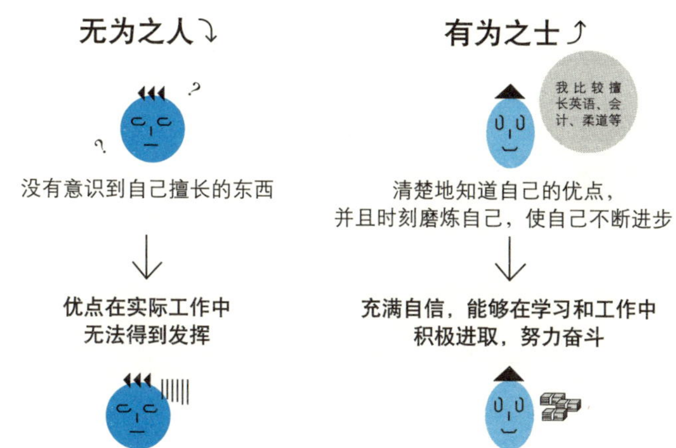

为了能够写出“优点圆环”，你可以问自己下面的问题：

- 自己的专业、擅长领域是什么？
- 在工作过程中有没有得到过别人的感谢？
- 你有什么资格证书吗？
- 有什么兴趣爱好吗？或者说，工作之余你都参加什么活动呢？
- 孩提时代有什么优点吗？

在填写“优点圆环”时，即使有的事情并不确定能否算是优点也没关系。只要是你能想到的就都写下来。

无法写出“优点圆环”的时候

在我举办的研讨会上，请参加者把自己所有的优点都填到“优点圆环”里，当然有很多朋友没有办法立刻写出来。

但是，请相信没有一个人会一项优点也没有，也就是说每个人头上都照耀着一个“优点圆环”。不过，如果仔细思考了十分钟，还是无法写出来的话，我们就先停下来休息一下。

因为只要我们有意识地问自己一些问题，之后潜意识还会不断地寻找答案。三天之后，不妨再来挑战一下，这次应该能够很顺利地写出来了吧。

“优点圆环”能够给你带来更多的机会

之前，有一位G先生来参加我的研讨会，就是在第二次尝试时才终于在“优点圆环”中写下了“能够和猫咪对话”的答案。我知道后就建议他“可以出本书啊”，几天之后，他了解到，自己的朋友认识出版社的人，十个月后G先生的书正式出版了。

虽然G先生的例子可能是个特例，但确实写出“优点圆环”之后，这样的机会就会纷至沓来，你也会从中发现全新的自我。

尝试列出自己的“优点圆环”

为了让你能够写出“优点圆环”而准备的问题

* 自己的专业、擅长领域是什么？
* 在工作过程中有没有得到过别人的感谢？
* 你有什么资格证书吗？
* 有什么兴趣爱好吗？
* 工作之余你都参加什么活动呢？
* 孩提时代有什么优点吗？

写不出来的时候

三天后再来挑战一次

其间，潜意识会继续探索你的“优点圆环”

列出你的“优点圆环”

能够从中发现全新的自我

能够带来更多机会

没有一条路是白走的，没有一秒钟是虚度的

你对目前的工作有什么看法，又形成了怎样的固定观念呢？

如果总是觉得“无聊”“高兴不起来”“紧张”等的话，就会被这些负面情绪所影响，形成“固定观念的高墙”。为了成功飞越这面高墙，我们有必要及时发掘自己的工作价值。只要做到这一点就可以提高工作效率。

某航空公司的前CEO在其著作《真实的瞬间》中曾引用下面的寓言故事：

有一个男人来到玉石场，询问一个石匠：“你在做什么呢？”

那石匠闻言，露出非常不耐烦的神情，抱怨道：“看不到吗？我正在切割这些硬邦邦的大石头呢！”而旁边的另一位石匠则悠然自得地说：“我们的工作就是要打造出一座完美的殿堂。”看着他那略带自豪又满是幸福的面孔，男人会心一笑。据说，之后第二位石匠每打磨一块石头都会发现质地上乘的美玉，最后真的拥有了属于自己的殿堂；而第一位石匠则在玉石场穷其一生，终究与美玉无缘，陪伴他的只有那一块块硬邦邦的巨石……

同为石匠，一个觉得自己的工作枯燥乏味，而另一个却能捕捉到平凡工作中暗含的价值。这样不同的心态自然会映射到他们的工作效率，乃至工作成果上来。虽然寓言终归不是现实，但是道理是对生活在当今社会的我们仍然受用的。既然现在从事这一行业，无论当初是你选择了它还是它选择了你，都已不再重要，你必定要终日与之相对，甚至很可能一辈子都要这样相依相伴，那么你为什么不能像看待恋人一般，用最温暖的目光去接受它的一切呢？要知道你看它尽是缺点、毫无意义的同时，受伤最深的是你自己，没有人会愿意和一个厌恶自己的伙伴在一起。长此以往，只会让你更加痛苦罢了。然而，如果你能把心思都用在发现它的美好上面则又是另一番景象了。所以，尽力去体会、发掘目前工作的价值吧，哪怕只是个短期实习，哪怕只是一次商务会谈，只要你能够感受自己工作的价值所在就会乐此不疲，甚至会感叹工作时间的短暂。

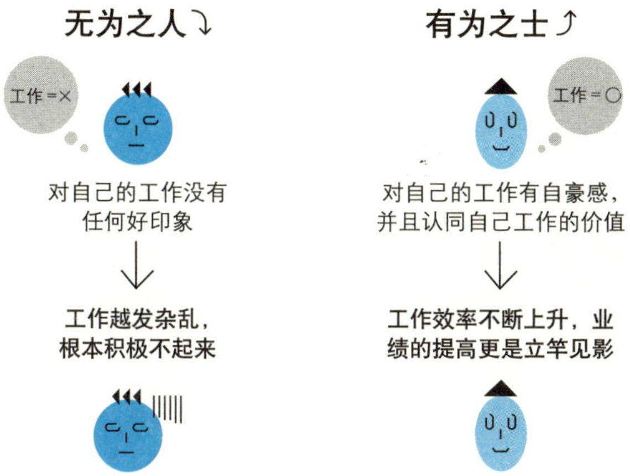

无为之人↘

工作=×

对自己的工作没有任何好印象

↓

工作越发杂乱，根本积极不起来

有为之士↗

工作=○

对自己的工作有自豪感，并且认同自己工作的价值

↓

工作效率不断上升，业绩的提高更是立竿见影

可见，对工作价值认同与否和业绩有着十分明显的关系。

为了使你能够发现自己的工作价值，最简单的方法就是首先假定以后你会转行，而且当然是会去做那些使你怦然心动的工作。这样一来再考虑从现在的工作中能够学到什么有用的东西，比如可以提高自己某方面的能力或者相关技术，为以后的工作做准备。

为了能够明确使自己怦然心动的工作而设置的问题

让我们一起思考寻找工作价值的方法吧。

尝试问自己下列问题，写下自然浮现于脑海中的工作。

- 如果保证肯定能找到的话，你想做什么工作？
- 即使你身价有十亿日元，却依旧想要从事的工作是什么？
- 如果你的生命只剩下最后三年，你想做什么工作？

这里所说的工作既可以是律师、护士、宾馆服务员等具体的职业，也可以是人事、营业、企划等抽象的职业。你可以想象自己从事那一工作的情形，体会激动不已的心情，然后再写下自己的答案。

重新审视自己目前的工作

接下来，分别对心仪工作所需的能力与技术和目前工作所需的能力与技术进行总结，并依次写下来。

最后，对比两者所需的能力与技术，找到相同的地方。

通过目前的工作来提高共同需要的能力与技术，以此为工作价值，就可以积极投身于现在的工作中了。飞越了之前对目前工作不满的“固定观念的高墙”，积极工作，不断磨砺相关技术，提高工作能力，工作业绩大幅度提高，更加积极投入工作，如此反复，形成良性循环，使工作业绩突飞猛进。

找到工作价值的方法

明确能够使自己怦然心动的工作

* 如果保证肯定能找到的话，你想做什么工作？
* 即使你身价有十亿日元，却依旧想要从事的工作是什么？
* 如果你的生命只剩下最后三年，你想做什么工作？

找到相同的能力与技术

心仪工作所需的能力与技术	→	对比两者所需的能力与技术，找到相同的地方	←	目前工作所需的能力与技术

通过目前的工作来提高共同需要的能力与技术

||

发现工作的价值和共同需要的能力与技术

把每一句“没想到”都变成“本应如此”

当你面对重要的工作或者是难解的问题而感到力不从心，觉得“这怎么可能做得出来”的时候，请大声说出“没想到我也能行”。这句话里隐藏着的“已经成功了”的概念会进入潜意识，会帮助你飞越“我不行”这座“固定观念的高墙”，使你意气风发、思如泉涌，好点子也就源源不断了。

更为重要的是这句话是过去完成时的否定形式。有很多人总觉得自己不行，这也做不好，那也做不好，这样的话即使大声说出“我能行”“我做到了”，内心深处还会滋生出“不过……还是不行吧”之类的自我否定情绪，如此一来，正负相抵就没有任何效果了。

而如果采用过去完成时的否定形式“没想到我也能行”的话，一瞬间潜意识就会被打乱，趁着这一空隙，将“我能行”的正面情绪刻入潜意识中。为了能够成功，捕捉相关信息的敏感度就会大幅度提升。

无为之人⤵

虽然说的是"我会成功的"，
却是勉强使用肯定口吻

↓

潜意识自然而然地将其
否定，结果失败

有为之士⤴

采用过去完成时的否定形式
"没想到我也能行"的话

↓

潜意识来不及否定，留下的正面
情绪会使你不断想到好主意，
幸运的事也会随之而来。

以"没想到我也能行"为基本句型，用你期望的事情来造句，并把它列入日程表。就从每天一次笑着说"我能行"开始吧。

连续三周持续进行的话，就会从"我能行"这句话里得到自信，进而万事顺利，幸运不断，好事连连。

畅销书诞生的密语

承蒙各位朋友的关照，我在2004年出版的处女作《加速成功》成了畅销书。

我的秘诀就是常常挂在嘴边的一句话：“没想到我的书也能畅销！”

在我开始每天大声说这句话之后，大概过了一个月的样子，我偶然遇到了本田健先生。本田先生向出版社的社长推荐了我的作品，并再三拜托。这正是“没想到我的书也能畅销”这句话带来的好运。

与本田先生交流的机会越来越多，也有幸得到了很多宝贵建议。比如，他帮我修改了自拟的书名，还劝我重新拟定初次发行的数量。此外，还让我的拙作《加速成功》与京瓷创业者稻盛和夫先生的著作《生存之道》刊登在同一广告上。

出版社对拙作的大肆宣传也取得了成效，书卖得非常红火，上市两周之内售出五万多本，创下了最佳销售纪录。

之后，在设法租借公寓办公的时候，在招聘新职员入社的时候，在为研讨会招募宾客的时候，我都不忘使用过去完成时的否定形式来鼓励自己，也都取得了不错的效果。

这种方法可以帮助你飞越“我不行”的“固定观念的高墙”，使你充满自信，发现全新的自我，是一种非常有效的方法。

在成为你的口头禅之前坚持做吧。

让“没想到我也能行”成为你的口头禅

使用过去完成时的否定形式

基本形式：没想到我也能行
例　　句：没想到我也能考试及格
　　　　　没想到我也能拿到最佳营业额
　　　　　没想到我也能把活动举办得这么成功
次　　数：一天一次　微笑着说
时　　间：三周

成为你的口头禅

↓

* 飞越“我不能”的“固定观念的高墙”，充满自信
* 解决方法、好点子源源不断
* 幸运不断，好事连连

工具总结
A SUMMARY

● 在各自生活经历、教育经历的影响下，我们形成了自己独特的价值观和思考模式。它们已成为我们做出生活判断的依据。这一方面会让生活有条理、满足需求，另一方面却容易因为固执的观念导致自我设限，从而失去探索精彩未知、取得更大成就的机会。

● 有人说，强烈的愿望是成功的原动力。那么，来和十年后理想的自己约会吧！想象十年后自己的外表、衣着、气场、家人、经济状况、工作状态等，越详细越好。感受充实和激动的心情，向着理想的自己努力前进。

● 心态不同，行为结果就会不同。看问题要全面。遇到值得高兴、喜悦的事情，兴奋之余要找出不利因素，及早消除隐患；遇到不好的事情，要从正面分析其有利因素，及时调整心态，找到解决问题的办法。

- 人生有多种可能，随性写下想要做的事并努力去尝试。这样能让你看清自己内心真正的渴望，发现全新的自我，体验不同的人生乐趣。
- 成功并不具有唯一性。写下专属于你的成功和幸福，体会这种满足感，再继续向前。
- 你现在正在做的，哪怕是一件微不足道的事，都具有非凡的使命。你应该为此而自豪。
- 自信是成功的源泉。要善于发现自己的优点，为人生争取更多机会。
- 成功需要积累，认真做好当下的事才能为成功积蓄更大的能量。
- 成功需要积极的暗示。

STEP TWO

驯服恐惧这头
偷吃你梦想的怪兽

虽然实现梦想并不是一件简单的事，但有很多人的梦想止步于恐惧。总是怀揣对失败的恐惧，遇到事情就刻意逃避；经常抱怨现在的状态，却缺少改变的勇气；对未来茫然无措，一直找不到前进的方向；也曾试过迈出第一步，但事情还没做的时候，就已经开始忐忑不安。这样状态下的你，只会离梦想越来越远。有时候，不妨疯狂一回，试着把恐惧抛之脑后，为梦想多一分勇敢。这世界上唯一值得我们害怕的就是害怕本身。

由于害怕事情发生变化或失败而刻意逃避，这样的“恐惧心理的高墙”会大大降低我们行动的积极性，是阻碍我们工作和学习的高墙。

恐惧心理和我们的欲望有着密不可分的关系。心理学家表示人都有七情六欲：

- 生理上的欲求（满足自己的食欲、性欲、睡眠要求等）
- 安全方面的欲求（能够安心地生活）
- 归属感的欲求（能够得到伙伴的认同，有一个稳定的归属地）
- 自我、自尊的欲求（自己的存在得到认可，自己的重要性被承认）
- 自我实现的欲求（按照自己的个性去生活）

正是因为人们有这些欲求，其中任何一项得不到满足都会感到失落甚至绝望，所以人们会本能地害怕发生变故或失败，害怕某些变化会打乱原有的生活节奏，使自己在衣食住行等方面的欲求得不到满足，或会让亲朋好友远离自己。无法满足自己欲求的生活状态、孤独清冷的内心世界都是我们最不愿意面对的现象，所以，下意识地去回避所有可能引发这些现象的事情，也就在不知不觉中为自己筑起了“恐惧心理的高墙”。

上述欲求中，尤其是“生理上的欲求”“安全方面的欲求”“归属感的欲求”这三项得不到满足的话，基本生活都可能会出现问题。为了避免发生自己所不愿看到的事情，我们在行动之前，恐惧心理就会蠢蠢欲动，给我们的行动带来不便和阻碍。

想要攻破“恐惧心理的高墙”，就要一鼓作气将其彻底击破。那么，如何积攒这种气势呢？下面我们就来一起看一下相关的攻略。

你若不勇敢，一切都免谈

生活就像海洋，只有意志坚强的人，才能到达彼岸。

所以，在困难面前千万不要表现出恐惧；如果已经意识到了自己的恐惧心理，就请不要逃避，拿出你的意志力来坚强面对。

正如洛克所说，一个理性的动物，就应该有充分的果断和勇气，凡是自己应该做的事，都不应因危险而退缩；当他遇到突发事件或让自己恐惧的事情时，也不应因恐惧而心里慌张、身体发抖，以致不能行动，甚至逃避。

而且即使我们无视恐惧心理，对害怕失败与变化的恐惧心理置之不理，它也依旧存在，不会自动消失，也不会有所改变。所以重要的是我们要在意识到恐惧心理的时候，正视它，勇敢地面对它。

虽然明知道这件事必须要做，但怎么也做不好，这样极端痛苦的事情，我也深有体会。

大学的时候，期末考试之前，我通过疯狂的学习终于取得了第一名，得以去巴西交换留学。可是，在那之前，我作为一名学生基本上没有什么成功的经验，当然也确实没有过什么实际行动。

还记得上中学时，我最大的愿望就是成为一名一级方程式赛车手，却没有为了这一目标而好好做准备。大学升学考试时也是，总想着“必须要好好学习了”，却定不下心认真复习，结果还留级了一年才考上大学。这都是由于害怕失败而形成了“恐惧心理的高墙”，无法全力以赴。越是想要成为赛车手，越是对其无比憧憬，反而越觉得自己没有能力得到自己想要的。大学考试时更是如此，满脑子都是大学的名气、竞争对手的强悍实力、预计录取的人数之少，觉得考上的希望很渺茫，自己渐渐地就成了泄了气的皮球，毫无动力可言。这就是因为我当时害怕失败甚至害怕付出，不想争取机会，进而自我放弃。

无为之人⤵

没有发觉恐惧心理，
或发觉了却无视其存在

↓

总是无法付诸行动

有为之士⤴

意识到了自己害怕失败
的恐惧心理

↓

**抑制恐惧心理，
全力以赴地付诸行动**

即使如今，我还会在很多时候感到恐惧心理的存在。比如，我现在经营着自己的公司，经营学可是个大学问，在经营过程中我也遇到了各种各样的问题。哪怕是一个小小的判断失误都有可能导致企业破产，所以我的内心深处总是存在着一种“害怕”的感觉。我想很多企业负责人、事业单位的领导人都应该有过类似的感觉吧。不敢轻言扩大规模，不愿轻易改变意见，不想冒风险搞大规模投资，不会自己一个人拍板一个大工程，所以某些单位在开会时才会出现沉默沉默再沉默的现象。当然，个体经营因为没有可以商量或者说推脱责任的领导班子，就只能“自作主张”了，不过，害怕一失足成千古恨的心理反而更强烈了。正所谓商场如战场，企业要想有大的发展就必定要有所行动，可是，每一步都是靠实力加运气闯出来的，可谓步步惊心、招招致命。所以，有些人常说自己在商场上混得越久胆子却越小，这也是可以理解的。但是，有时候顾虑太多很有可能使你做事瞻前顾后，犹豫不决，从而错失良机，也就是被“恐惧心理的高墙”阻隔，无法有更大的发展空间。

仔细体会恐惧心理

我有一个朋友叫作矢野物一，是一位心理专家，非常擅长给别人进行心理治疗。据他说，我们完全可以把恐惧、愤怒、悲伤、寂寞等负面情绪理解成“刚刚出生的婴儿”。大家都知道，宝宝一哭，就需要妈妈抱起来摇晃、安慰或者喂奶。这样的话，婴儿才会停止哭泣，否则他就会哭个不停。同样，恐惧心理也是如此，你如果不接近它、安慰它，它就得不到抑制。

那么，具体应该怎么做呢？我们知道当你感到害怕不安时，就会出现肩部发紧、胸闷气短、心跳加速等现象。所以，我们就要针对这些身体部位的反应，有意识地实施对策。

接下来，充分发挥你的想象力，仔细感觉身体各部位可能出现的反应。比如，头发沉，脖子发酸，心脏热得要胀开一样，心窝处就像有个乒乓球在上下跳动一般，等等。仔细想象其颜色、大小、手感，体会身体的种种反应之后，它们的存在得到了关注，就会渐渐销声匿迹。

这就是所谓的“聚焦心理疗法”。

据矢野先生说，用手轻抚反应部位，并在心里说“我知道你就在这里，到现在才注意到你的存在，真是抱歉。放心吧，我会永远陪在你身边的”这样的话，恐惧心理就会很快消失。这种方法其实就像是一种心理暗示，把恐惧心理这个抽象概念想象为形象、具体的事物，并通过触摸、交谈拉近你们之间的关系，让你觉得它不再可怕，相反成为自己身体的一部分，承认它的存在却不会再为其烦恼、担心。

当然，恐惧心理不会因为这样的一次尝试就完全消失，但是，每一次尝试都会使你对发生的变化或失败的反抗心理大大消减。所以我们需要不断探索隐藏在内心深处的恐惧心理，并直面它们。这样，我们就会获得迈出第一步的勇气！

克服恐惧心理

仔细体会恐惧心理

意识到恐惧心理引发的身体反应

* 头发沉、脖子发酸
* 喉咙被堵住的感觉
* 心窝处像有个乒乓球在上下跳动一般
* 肚子或腹部以下不舒服

充分想象各种反应

仔细想象其颜色、大小、手感

仔细体会身体的种种反应

仔细体会想象出的各种反应

用手轻抚反应部位，并在心里说“放心吧，我会永远陪在你身边的”等类似的的话，恐惧心理就会很快消失

唯一值得我们害怕的就是害怕本身

还有一个击破恐惧心理的有效方法，就是当你感到害怕失败时，可以把它们的“罪魁祸首”直接写下来。人们将内心的感受通过语言表达出来，这一行为在心理学上被称为“外在化”。这样可以使你跳出自己的内心世界，客观地审视自我，从而能够做到冷静地思考问题。正所谓当局者迷，旁观者清，自己内心恐慌时是没有办法把这份恐慌分析清楚的。所以，我们需要转变为“旁观者”，就像处理别人的问题一般窥探自己的内心世界。只要你敢于尝试，就会发现其实这并没有你想象中那么难。

把自己的恐惧心理直接写出来，是心理疗法的简略形式，下面让我们来具体看一下。

用语言或者数值表示恐惧心理

需要写出来的内容主要有三项：

1. 使你感到害怕的东西或者事情。

2. 为什么会感到恐惧呢（根据）？

3. 事情不顺利的概率（0—100%）。

举一个例子来说明具体做法。

1. 中提到的“使你感到害怕的东西或者事情”假定为“可能会考试不及格”。

2. 中所说的“为什么会感到恐惧呢”，原因是“只复习了考试范围的80%”。

3. 中所说的“事情不顺利的概率”暂定为“80%”。

无为之人⤵

将蠢蠢欲动的恐惧心理和
不安感束之高阁

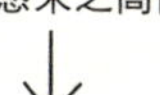

再想起来的时候，
继续痛苦不堪

有为之士⤴

尝试写下害怕的东西或事情

摆脱恐惧心理

尽力改写确定的内容

下一步，修正刚才写好的内容：

A. 能够顺利进行的概率和原因。

B. 可以将顺利进行的概率提高10%的行为。

由于一开始设定“事情不顺利的概率”为“80%”，所以A中“能够顺利进行的概率和原因”就可以写成“能够顺利进行的概率为20%，因为毕竟完成了需要复习内容的80%而且在三个月前的模拟考试中也合格了。现在也应该还有20%的可能性顺利进行”。

B中“可以将概率提高10%的行为”可以这样写：“为了将能够顺利进行的概率提高到30%，在考试前一天重新看一遍笔记。”如果能够把这一行为反复进行，直到“能够顺利进行的概率”超过50%的话，恐惧心理就会得到很大缓解。

下面再举一个“事情不顺利的概率为100%”的例子。

A. 你能肯定完全没有其他可能性吗？

B. 如果有其他可能的话，根据又是什么呢？

C. 什么行为可以使“能够顺利进行的概率”提高10%呢？

如上，从对这三个问题的回答开始进行修正，提高可行率。

A. “还有10%合格的可能性。”

B. “因为已经学习了半年了。”

C. “把之前的疑难问题再确认一遍的话合格率就可能提升到20%。”

用语言和数值来表达感情，反复进行修正的话，用不了多久，即使不写出来也可以在大脑里进行整理了。

克服恐惧心理

尝试写下自己的恐惧心理

写出恐惧心理

用语言和数值来表达感情
↓

* 使你感到害怕的东西或者事情
* 为什么会感到恐惧
* 事情不顺利的概率（0—100%）

修正之前确定的内容

按照下列顺序修正内容
↓

* 能够顺利进行的概率是多少
* 原因是什么
* 什么行为可以将概率提高 10%

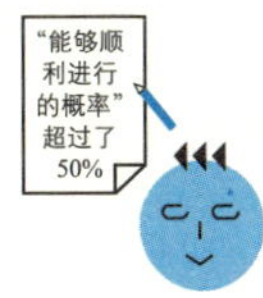

反复进行修正

直到“能够顺利进行的概率”
超过 50% 为止

别让他人的意见左右了你的人生

当你真正想要行动的时候，千万不要盲目听从别人的意见，应该将自己的想法摆在第一位来进行决断，这是非常重要的。当被别人否定说“你还是罢手的好”“你可不行”的时候，你的内心容易形成“恐惧心理的高墙”。应该把自己的信念放在首位，按照计划果断执行。

我在做重大决定的时候，会听取别人的意见。但是，在最后做决定的时候，自己的想法占80%，别人的意见只占20%。别人的意见说到底只是参考。

我在一家证券公司工作了一年，想要跳槽的时候，父亲、大学时的恩师以及公司的前辈们都给了我很多忠告。有的说：“仅仅工作了一年，还没分清左右就想跳槽！”有的说：“不在一个地方工作三年以上是不可能掌握好工作内容的。”也有的说：“就算在证券公司有些成绩，在别的公司也不一定吃得开。”

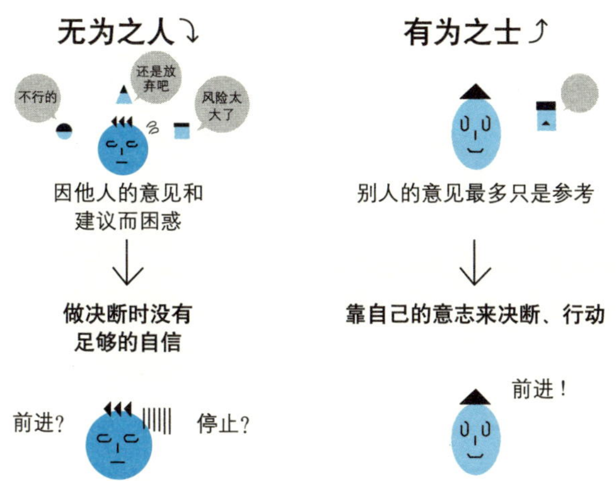

我自己觉得在那家公司能学的都学到了，所以毫不迟疑地跳槽到了另一家公司。

结果来看，在另一家公司我也很快成了最佳营销员，半年后还晋升为拥有四十名部下的课长，年收入也提升到了一千万日元。

由于是以自己的想法为主决定的事情，所以才能够毫无迟疑、全身心地投入。

相反地，如果你在关键时刻听从了别人的意见，放弃了原本的选择，而因此遭遇失败的话，你可能会对提意见的人痛恨终生……而自己则是后悔不已："真不该听他的！"其实，这是你推卸责任的表现，说到底就是一种逃避。你害怕做决定或害怕因坚持自己的想法而遭遇失败，故而将决定权抛给了别人，同时也把同等的责任安在了对方身上。这样，你就可以减轻自己内心的负担，逃避因自己的坚持而失败的现实。但是，你自己的人生，为什么要让别人来左右呢？你的每一次逃避，无论结果好坏，都将预示着你人生下一次的懦弱和逃避。这就像赌博一样，而你的赌注竟是一去不再来的人生……败给恐惧心理，输掉自己的一生，这真的是你想要的吗？如果答案是否定的，请你在人生征途上，为自己摇旗呐喊，为自己下命令，为自己行动！

"向谁请教"是最重要的

如果真的需要别人的意见的话，那么对方至少要满足下列两个要求：

1. 建议者必须在这一领域经验丰富或者是专业人士。
2. 建议者必须是充分理解你的处境和价值观的人。

同时满足这两个要求，并且亲自为你做指导的话，他们的意见便可以谨慎参考。

如果是没有实际经验的人或者并不是这一领域的专业人士的话，他们的意见只能是个人想法，你无法从中获得准确的信息。

而且，即使是经验丰富的人或专业人士，没有充分理解你的处境和价值观的话，他们的建议也有可能偏离你的目标。

虽然同样是就职咨询，但是二十多岁的年轻人想要提升自己而跳槽和离异后带着孩子的母亲为了维持生计而找工作，我们给出的建议一定会有天壤之别。

我有一个中国朋友，虽然他现在生活富足，过得很幸福，却一直有个心结，就是高考时听从了老师和好友的建议，放弃了自己不惜留级一年也想进入的大学，而选择了相对稳妥但实力和名气都要弱一些的另一所大学。因为前一次高考他只差两分就可以迈进理想的大学殿堂，所以，第二次高考估分时，他已经很保守了。但周围的师长和朋友希望他不会再出任何问题，一致劝他保险起见，退而求其次。结果，他动摇了。这里面确实也是自己的恐惧心理在作怪，但是，更大的因素在于他觉得老师是这方面的专家，经验丰富，朋友是最了解自己状态的人，他们的意见应该更加客观，却没有考虑到自己已经保守估分的事实，因而再次与理想的学府失之交臂。

最后还是要强调，别人的建议说到底只是参考，尤其要注意别因那些否定的意见而困惑。

克服恐惧心理

不要因别人的建议而困惑

别人的建议说到底只是参考

按照下列比例进行思考

自己的想法

80%

别人的建议

20%

这样做决断

建议者的选择方法

* 建议者必须在这一领域经验丰富或者是专业人士
* 建议者必须是充分理解你的处境和价值观的人

我和谁都不争，和谁争我都不屑

我可不想和别人做比较，慨叹自己的境遇，进而嫉妒别人。其实，嫉妒源于对带给自己危机意识之人的恐惧心理。

一旦这种嫉妒情绪日积月累，就会想方设法找各种理由为自己“不付诸行动的行为”进行开脱，比如“自己的学历低”“经验还不够”“没有好的机遇”等，所以嫉妒心只会把自己有限的精力消耗在琐碎的事情上。

使你无法迈出关键一步的“借口”

在大学生活中，时常会听到这样或那样的抱怨：怨生不逢时，怨家庭条件不好，怨过去学习基础没有打好，等等。这样的怨天尤人有意义吗？答案当然是否定的，因为它只会给你提供一个无法成功的推脱之词。要知道，每个人的精力都是有限的，而把有限的精力消耗在无限的怨天尤人上又是多么不值得！

让我们看看伟大的科学家富兰克林的成才经历吧。

富兰克林出生于一个手工业者的家庭，父亲做肥皂和蜡烛，母亲生了十七个孩子，他是最小的一个。家庭人口众多，经济负担沉重，富兰克林上到小学三年级就被父亲拖回来做工了，剪灯芯、做蜡烛，干着苦活。后来，父亲看到他喜爱看书，就把他送到他的哥哥办的一家印刷厂去当一名印刷工。在这样的厄运面前，他并没有屈服，而是在艰难的遭遇里百折不挠。例如，为了有书看，他和离印刷厂不远的一个小书店的伙计交上了朋友，同他商妥，在书店关门前把书悄悄借走，第二天开门前把书还来，为的是绝不让老板知道。就这样，富兰克林白天工作，每天夜晚读书到深夜。

富兰克林的成才经历告诉我们：环境愈艰难困苦，就愈需要坚定的毅力和信心，而一味怨天尤人的话就只能一辈子躲在自卑的龟壳里，永无出头之日！

我上大学的时候，在找工作的过程中，曾经瞄准了一家上市证券公司。大学同学就对我说："人家怎么可能会采用我们这种三流大学的学生呢！"

确实，当时在人们眼里，上市的证券公司是那些所谓的一流大学毕业生才可能进入的地方。但是，我坚信凭借自己在巴西的留学经历和扎实的口语能力，只要自己充分展示优点，就一定能被录用。事实上，也确实如我所料，我轻松通过面试，被心仪的证券公司录用。

如果我也像其他同学那样，拿自己和一流大学的毕业生做比较，然后认定自己不会被录用的话，恐怕连把该公司设为目标的勇气也不会有吧。

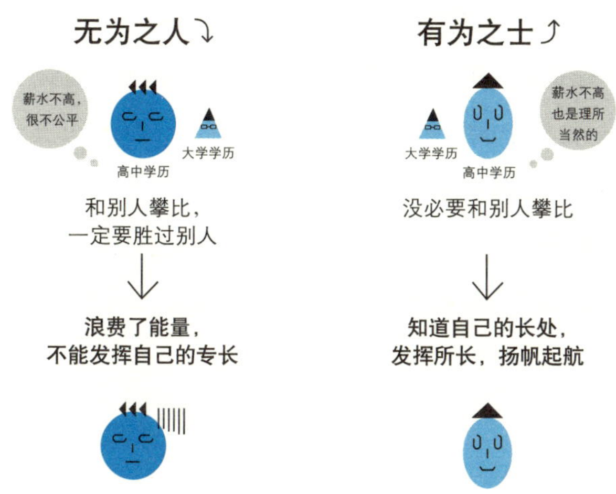

只会使自己痛苦的“嫉妒心”

我进入心仪的证券公司，开始营销工作之后，有很长一段时间，无法从同辈中脱颖而出。不管怎么努力，还是只能停留在第三或者第四的位置上，不禁把自己和当时营业额相对较高的对手做比较，甚至有段时间相当嫉妒对方。

“为什么那个人就能……”在嫉妒心的背后隐藏着这样一种愤怒。所谓气大伤身，这种愤怒情绪属于非常激烈的感情，所以会消耗精力，很容易使自己疲惫。

所以，我尽量忽略其他竞争对手的存在，一心只想“我的服务对象就是上帝，如何才能给他们带来最满意的服务”。这样一来，就做到了全身心地投入工作，不久就成为同辈中业绩最好的了。

让自己彻底摆脱借口和嫉妒心

人是感情动物，有时候感性甚至要大于理性，所以想要完全不和他人比较，不为自己的过失找借口，对任何事都没有嫉妒心，等等，是非常困难的事情。

与贪婪、懒惰那些恶习能让人体会放纵的愉悦不同，嫉妒带来的只有痛苦，而我们却乐此不疲。正如罗素在《幸福之路·嫉妒篇》中所说的那样："忌妒，可以说是人类最普遍的、最根深蒂固的一种情感。""在人性的所有特点中，忌妒是一种最不幸的情绪。"

请不要强制性地压抑自己，你可以尝试下面的方法。

1.闭上眼睛，脑海中想象一个还没有鼓起来的气球。

2.把气球放到嘴边，将想要说的借口、嫉妒心全都吹进气球里，让它膨胀起来。

3.把吹得鼓鼓的气球系好，用力抛向空中。

在想象中，如果能够把借口、嫉妒心彻底摆脱掉的话，心情就会一下子好起来，也能够恢复冷静。在成为习惯之前，多尝试几次。

克服恐惧心理

不与别人比较的方法

停止有意识的比较

比较会产生借口和嫉妒心，
哪一个都会形成“恐惧心理的高墙”

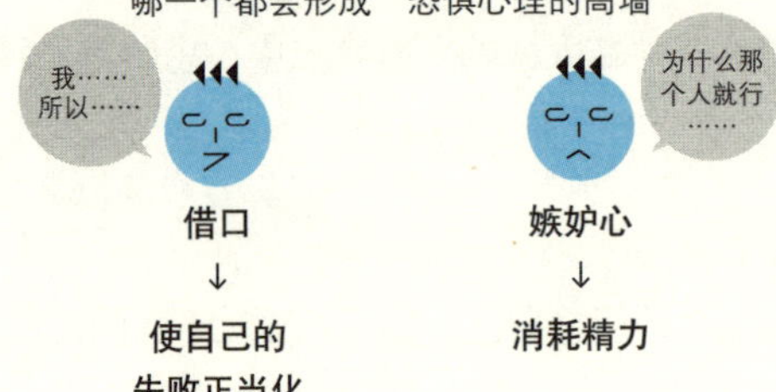

摆脱借口和嫉妒心

❶ 脑海中想象一个还没有鼓起来的气球

↓

❷ 将想要说的借口、嫉妒心全都吹进气球里，让它膨胀起来

↓

❸ 把吹得鼓鼓的气球系好，用力抛向空中

嫉妒心
借口
借口
嫉妒心
借口
嫉妒心

成功可以复制，自信可以粘贴

了解众多人生、经历，可以增加自己的人生选择，同时这也是攻破恐惧心理高墙的有效方法。

比如，林肯历经磨难，终于在五十一岁的时候登上了美国总统的宝座。肯德基的创始者——哈兰·山德士，六十六岁时公司破产，在被拒绝一千零五次之后仍然坚持贩卖专营方式，终于拿到了第一份合约，而在一年之后就拥有了一百五十多家店铺。

看到众多前人的经历之后，就会深刻理解“即使失败也可以从头再来”“有很多方法可以克服困难”，对失败的恐惧心理也就会不攻自破。

与人相识，知其人生，学其经验

我在证券公司工作的时候，从公司拿到了高额纳税者的名单，作为营销工作服务对象的参考。在此期间，接触到的人都很有特点。有历经两次失败，终于在第三次创业时使公司成功上市的企业家；有战争期间失去了妻子，一面育儿一面忙事业，还取得了大学学位证书，最后成为一位大学老师的教授。这些人的成功与失败、他们的人生历程给了我很多启示，也为现在的我奠定了一定的思想基础。从他们身上，我真切体会到了“失败是成功之母”的道理，看到了锲而不舍精神的重要性，人生越是多苦多难越要懂得惜福的道理。还有一个最直白、最深刻的事实：人活着比什么都强。无论失败多少次，只要我还活着就有希望，无论生活多么困苦，至少我还活着。既然如此，我为什么还要害怕失败、害怕苦难呢？

我还记得三年前结识的一位出租车司机。他曾经营过二十多年的家具店，年收入达到两千万日元，最后却由于职员的私吞和公司倒闭失去了一切资产。

能够持续二十多年把年收入保持在两千万日元，可不是件容易的事。那位仁兄有很多独到的经营方法，比如，如何笼络新客户、如何增加常客等。他给我讲了一部分他的经营理念，也告诉了我结算公司资产时的辛酸和保持心气平和的方法。我对他的传奇人生很是感动，虽然无法否认其中多少夹杂着几分同情，但是更多的是佩服。佩服他的独到理念、经营策略，更加佩服他能屈能伸，笑看云卷云舒、世事变幻的大气。也正是抛下了恐惧心理的包袱，他才能够重新振作起来，继续走好人生中的每一步。

多参加名人的演讲会、倾听周围朋友的人生经历与经验，当然，不仅仅要听，还要认真研究别人失败时是如何渡过难关的，看他们都采取了哪些有效方法。

如果能够活用别人的人生经验，考虑如何利用这些方法为自己排忧解难的话，就很可能会发现更多的人生选择，进而击破对失败和变化的恐惧心理。

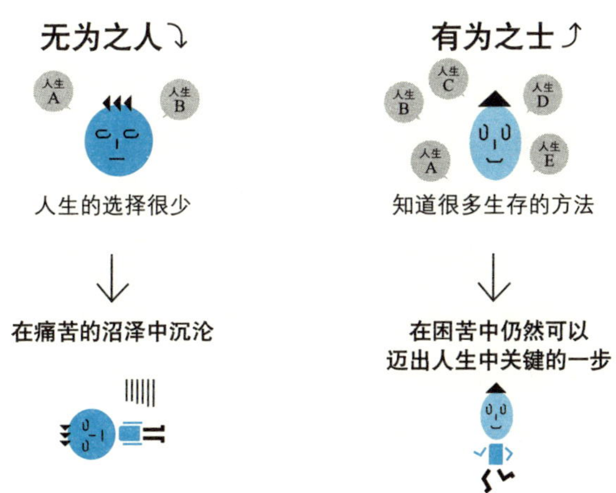

争取每个月读一本名人传记

我还从那些成就伟业的人们的自传或者传记中汲取养分，滋润自己的人生，给自己更多的选择。近一年来，我阅读了很多名人传记，并从中学到了很多东西。

比如说：司马辽太郎的小说《坂上之云》（文艺春秋），其主人公是活跃于日俄战争的秋山好古和秋山真之两兄弟；将诸葛孔明描述得神乎其神的小说《三国志》（角川春树事务所）；还有山崎丰子的小说《不毛之地》（新潮社），其主人公壹岐正的原型是濑岛隆三。世界名人传记中令我印象最深的还要数《名人传》（《巨人三传》）。这是19世纪末20世纪初法国著名批判现实主义作家罗曼·罗兰创作的传记作品，它包括《贝多芬传》《米开朗基罗传》《托尔斯泰传》三部传记。此传记里的三人，虽然一个是德国的音乐家，一个是意大利的雕塑家、画家、诗人，另一个是俄国的作家，各自处于不同的领域，但他们都是伟大的天才，在人生忧患困顿的征途上，为寻求真理和正义，为创造能表现真善美的不朽杰作，献出了毕生精力。他们坚信，只要自己的灵魂能够坚忍果敢，不因悲苦与劫难而一味地沉沦，那么就一定能冲破束缚，奔向人生的崇高境界。

尝试一个月读一本书，来细细品味自己感兴趣的人物自传或传记吧。只要肯下功夫仔细研究其克服困难的方法与毅力，一年之后你的生活方式将会扩展到现在的十二倍之多。

克服恐惧心理

了解多彩人生

了解周围朋友的人生，记住“即使失败也可以从头再来”，击破“恐惧心理的高墙”

与人相识，学习人生经验

从自传或者传记中了解他人的人生经验

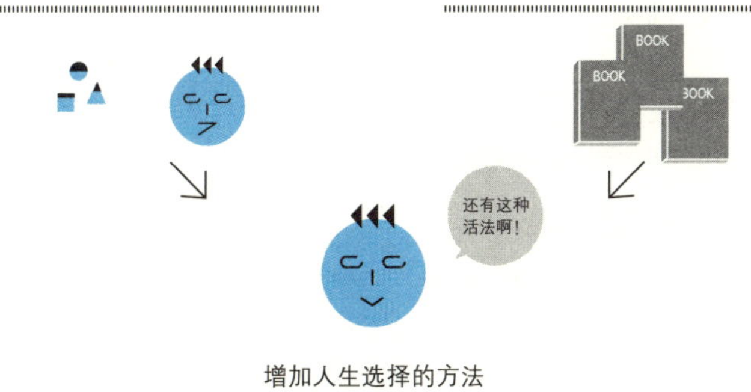

增加人生选择的方法

这是关键

研究别人身处逆境、面对困难时的表现

探索面对困难时，别人的想法和行动。仔细思考如何活用别人的经验，滋润自己的人生

一个月读一本书

仔细阅读，尽量活用到自己的生活中

深呼吸，然后与恐惧和解

当你承受着巨大压力，或者遇到什么意外的事情而陷入困境的时候，有一个让你保持冷静的简单方法，那就是深呼吸，解除恐惧心理。虽然做法很简单，效果却很明显。

1. 慢慢地呼出空气。

2. 用鼻子慢慢吸气八秒，直到新鲜空气满怀。

3. 停止呼气一秒，将肺内部的空气一下子挤到背后。

4. 最后，用嘴呼出空气四秒。这时就要想象恐惧心理、烦躁的情绪都和空气一起被呼出去了。

5. 反复进行大概三次。

在你停止呼吸的那一秒钟，恐惧很快就会出现。

你的大脑有一个非常奇妙的机制，它会把恐惧和缺乏空气联系在一起。你刚开始感到一点点恐慌，心里的恐惧感就会出现。但是，如果你坚持练习这种呼吸法，你的大脑就会自动赶走恐惧。吉姆是一个爵士乐钢琴家，由于害怕在观众面前犯错误，吓得几乎不能动弹。由于恐惧，他在演出之前会感到胸闷恶心。我建议他尝试这种深呼吸法，开始时吉姆有些紧张，他说自己恐怕会晕倒。

我打消了他的疑虑，让他继续练习，但每次第三步的“停止呼气一秒”总让他很犯难。这需要一些安慰，尽管他怀有疑虑，我还是让他继续练习。于是，他开始放松，甚至微笑起来，这真是奇迹中的奇迹。在他的眼里，我看到一种前所未有的坚定神情。随着情绪的放松，他对自己的表演更加有信心了，他也学会了享受在一大群观众面前表演的乐趣。

如果遇到让你心烦的事情，那么请你至少用五分钟时间来反复尝试这种呼吸法。如果你忘掉了一些恐惧，但突然又想到其他让你更恐惧的事，请不要惊讶，因为这是正常的，只是这个过程中的一个步骤。如果你坚持练习，一定能战胜焦虑，实现突破！而且，头脑也会很快清醒，注意力也可以高度集中，工作的效率自然也就提高了。这也是我在学生时代对付考试时的常用方法，那次巴西之旅也少不了深呼吸的功劳呢。还等什么？赶快来试一试吧！

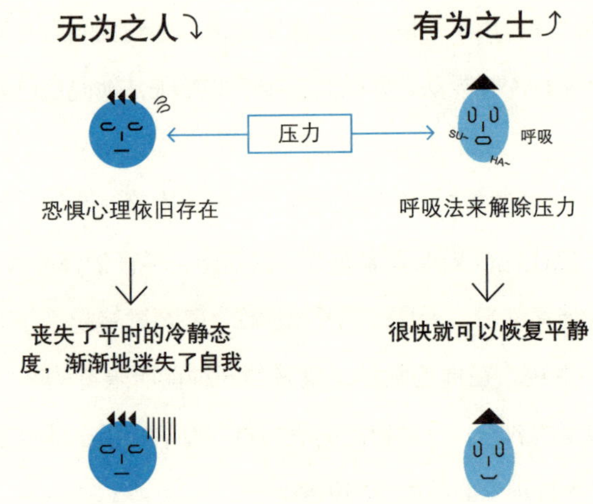

恐惧心理和呼吸法

当人有恐惧心理的时候，自律神经的交感神经就会非常活跃。这样的话，身体就会容易紧张，心跳加快，呈兴奋状态，而且久久难以平复。

如果想尽早恢复正常状态的话，就需要刺激副交感神经，使之活跃，从而谋求与交感神经的平衡。在使二者平衡的过程中，前面介绍的呼吸法非常重要。

有意识地调整呼吸，深深地呼出一口气，这样有益于副交感神经的活跃。反复进行呼吸法的话，就会刺激到肺部下方膈膜旁边的太阳神经丛，从而促使交感神经和副交感神经的平衡。

而与此同时，设想恐惧心理和空气一道被呼出去的话，心情会更快地恢复平静。

佐山悟先生的呼吸法

佐山悟先生从1981年开始作为初代格斗大家，在摔跤赛场上一直十分活跃。我的这个呼吸法就深得佐山悟先生的真传。

据说格斗家在参加比赛之前，会饱受恐惧心理的折磨。因为一旦没能及时避开对手的出拳或者踢打的话，极有可能受伤甚至丢掉性命。所以，他们所承受的心理压力远比我们想象中要严重。

佐山悟先生在培育弟子的过程中，曾经研究过各种心理技法，比如说：禅道、冥想法、催眠、NLP（神经语言程序学）等。前面说到的呼吸法也是那时应运而生的。

只要掌握了这个呼吸法，即使是面对让人手心冒冷汗的恐惧心理，也可以加以抑制。其功效可想而知，所以让我们在平时就加以练习吧。

克服恐惧心理

深呼吸，呼出恐惧心理

有意识地用呼吸来控制恐惧心理

深呼吸可以刺激副交感神经
→ 进而能够控制情绪

❶把气吐净
慢慢地呼出肺里残留的空气

↓

❷用鼻子吸气（八秒）
用鼻子慢慢吸气八秒，直到新鲜空气满怀

↓

❸停止呼气（一秒）
一瞬间停止呼吸，将肺内部的空气一下子挤到背后

↓

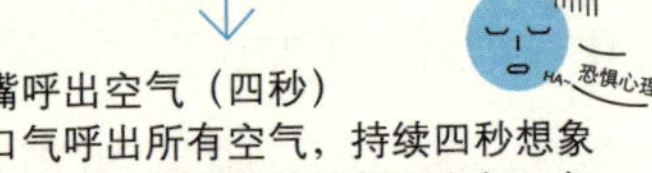

❹用嘴呼出空气（四秒）
一口气呼出所有空气，持续四秒想象恐惧心理、烦躁的情绪都和空气一起被呼出去了。

↓

❺反复练习呼吸法三次
反复进行❷到❹

丢掉什么，也别丢掉你的信念

反复大声说出鼓舞自己的话，这种方法叫作“自我肯定法”。坚持进行这一方法的话，就有可能改变自己的情绪和行为。

心理咨询师铃木义兴先生曾经告诉我，人们可以通过自言自语或在心里默念来影响情绪。所以，只要我们善于驾驭语言，就可以通过“自我肯定法”来攻破“恐惧心理的高墙”。

我在从事营业工作的时候，每天早上都要对自己说十遍下面的话：“良言铭心，勇气满怀。”而顾客常说的“不需要”其实只是在问我：“如何才能使之为我所用呢？”这样持续练习三个月之后，我就再也不怕被顾客拒绝了，业绩也一下子达到了最佳水平。

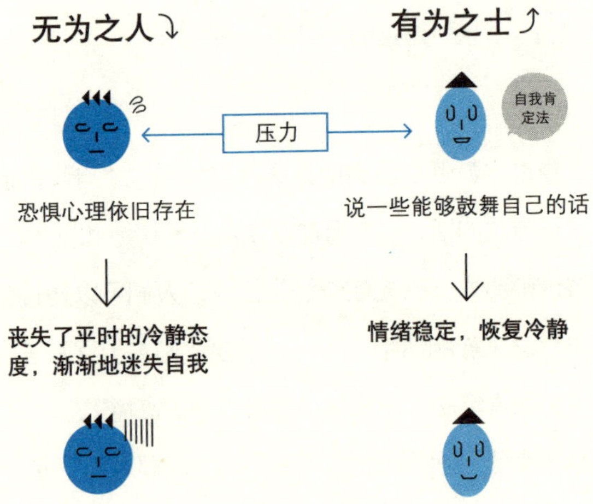

尝试寻找伟人们、前辈们的话

我习惯边读传记边在笔记本上写下感兴趣的话，并从中汲取力量。

比如：松下的创业者——松下幸之助先生曾说过：“正是因为我很穷、学历又低、身体又弱，才能取得成功。”促使日本经济从昭和大恐慌中得以恢复的大藏大臣——高桥是清也有这样的名言：“越是不幸的时候越要相信自己。”

收集五个左右类似的名言，例如：

- “不可能”这个词，只在愚人的字典中找得到。

——拿破仑

- 去做你害怕的事，害怕自然就会消失。

——罗夫·华多·爱默生

- 这世上的一切都借希望而完成。商人或手艺人不会工作，如果他不曾希望因此而有收益。

——马丁·路德

- 目标的坚定是性格中最必要的力量源泉之一，也是成功的利器之一。没有它，天才也会在矛盾无定的迷津中徒劳无功。

——查士德斐尔爵士

- 在真实的生命里，每一个伟业都由信心开始，并由信心跨出第一步。

——奥格斯特·冯·史勒格

前人留下的名言可能没有办法与你的境况完全符合，那么就仿造前人的句式，说一些专属于自己的话吧。

如果把刚才提到的松下幸之助的名言套用到我身上的话，就可以说成“正是因为毕业于三流大学，又和西乡隆盛一样胖，所以才能取得成功”。

早上、晚上、电车里、痛苦的时候都可以为自己鼓劲儿

早上刚起来的时候或者晚上马上就要睡着的时候，头脑还未完全清醒，此时采用自我肯定法，给自己鼓劲儿三次的话，效果最佳。

头脑不太清醒的状态被称为“可变意识状态”，在这一状态下说出的话很容易在潜意识内停留。

在你坐车的时候也可以给自己鼓劲儿。我一坐车就容易犯困，索性闭上眼睛，在心里为自己默默鼓劲儿，反复使用自我肯定法。

当你感到恐惧的时候，可以反复使用自我肯定法。在反复说给自己听的过程中，情绪波动渐渐得到平复，积极情绪也会随之注入心中。

所以，请务必寻觅一些给自己增添勇气的话。

克服恐惧心理

用自我肯定法来给自己增添勇气

大声说出给自己增添勇气的话，恐惧心理就会得以抑制

反复说出来 → 恐惧心理得以抑制

自我肯定法

这是关键

尝试寻找伟人们、前辈们的话

*阅读各种名人传记、自传、新闻报道，多听些演讲，从中收集五个令你心动的名言

*也可以仿造句式，加入与自己的情况相符合的要素

早上、晚上、电车里、痛苦的时候都可以为自己鼓劲儿

*将每一个收集到的句子都反复说10—20遍。周围有人时，就使用自我肯定法给自己默默增添勇气

*早上起床后、晚上睡觉前、在车上有些发困的时候，趁着头脑不太清醒，反复三次给自己鼓劲儿。

年轻时不疯狂，到老了连回忆都没有滋味

在攻破恐惧心理高墙时有一种叫作“疯狂行为”的荒唐治疗法。所谓的“疯狂行为”就是指使人震惊、被彻底吓倒的行为。当自己的行为取得一定效果时，“恐惧心理的高墙”就会不攻自破。

不知道大家有没有听说过“要想越过高墙就先把自己的帽子扔过去”的说法。这个故事是说有一个人想要翻越一面高墙，但是墙真的很高，当看到他想要挑战这面高墙时，路人便过来围观。当然大多数人是觉得他肯定没办法翻过去，过来看热闹的。谁知，那人竟不急于翻墙，而是先将自己的帽子扔了过去。一时间揶揄声四起，没有人明白他到底要干什么。后来，经过无数次尝试，那人终于翻越了高墙。其间他不止一次被墙反弹回来，或者半途摔下来，早已遍体鳞伤。但是，令人惊奇的是，他始终没有放弃，直到最后成功翻越了高墙。之后，被人问起时，他才笑着说：“理由很简单，因为我的帽子还在墙的另一侧。”

这个看似有点儿疯狂的行为，却成了他不得不努力翻越高墙的理由。其实，有很多时候我们是可以效仿这种行为的。在行动

之前，先告诉周围的人自己的目标。说出去的话=泼出去的水=扔出去的帽子，所以，就会有为之不懈努力的动力啦。

下面，让我们看一看真正的“疯狂行为”吧！

毅然舍弃12亿日元的棒球选手

前职业棒球选手新庄刚志先生在2001年离开了阪神队，委身于美国主力队纽约队。与阪神签约的报酬为五年12亿日元，而纽约队的年薪为2200万日元。可是，新庄刚志却毅然选择了年薪不足原来1/10的棒球队。

虽然从结果来看，他仅在纽约队待了三年就退出回国了，但是他并没有因此而气馁，而是又做出了一个惊人选择，加入了面临生死存亡的太平洋联盟之下的日本北海道队，并且宣称：“太平洋联盟的时代即将到来！”给球迷们带来了很大的鼓舞。最终在两年之后成功实现了使北海道队成为日本第一的誓言。令人震惊的发言、给人带来无穷乐趣的表现和深不可测的棒球实力，使他在隐退之前一直充满魅力。

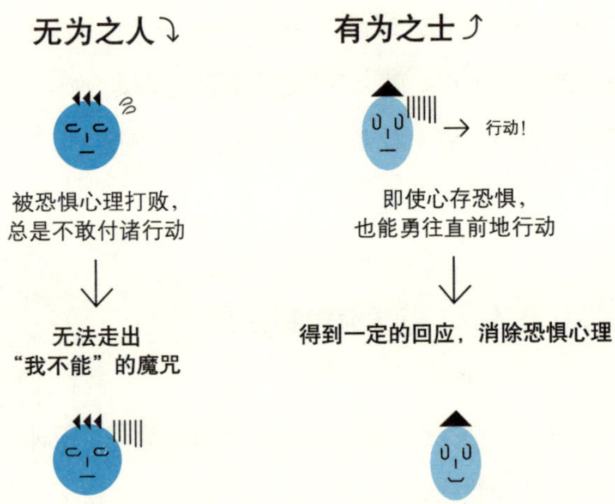

亲自在街头贩卖五千张 CD 的歌手

歌手川屿爱来到东京时，立志成为演绎型歌手。可是不到一年的时间就被事务所辞退了。与原来的目标失之交臂的川屿爱开始了街头现场演唱。她给自己制定了三个目标：在街头演唱一千次、贩卖自己制作的CD五千张、在涩谷公会堂举行三次独家演唱会。结果，仅用了一年半时间，她就达成了后两个愿望。三年后，也真的做到了在街头演唱一千次。

她每天都在街头唱歌，尽力卖出10—20张自己的CD。这种坚定不移的意志力感动了很多歌迷，也有越来越多的朋友愿意帮助她了。

在一年内卖出三千多部手机的营销员

我二十四岁的时候，曾经在一年内卖出三千多部手机，在面向个人销售手机这一领域，成为全国第一营销员。

每天在路上和一百个人搭讪，问他们有手机吗，这样大概二十个人里能卖出一部，算下来一天就能够卖出10—15部了。在和对方目光相遇的一瞬间，判断出他会不会买，然后再继续说服。经过这样一年的训练，看人的能力就会锻炼得很到位了。有时甚至可以连续卖出二十三部。

那时候锻炼出来的看人能力，对现在咨询师的工作也很有帮助。

了解这些事例之后，思考一下符合自己的“疯狂行为”是什么，得到了灵感的话不妨实际体验一下。

克服恐惧心理

尝试“疯狂行为”

想到哪儿做到哪儿，让恐惧心理烟消云散

→ 行动吧 →

尝试想到哪儿做到哪儿
（疯狂行为）

感到回应后，
恐惧心理就会烟消云散

疯狂的行为

这是关键

查询名人事例

有很多运动员或者艺人，因为做出了别人不能做的事情而一举成名。找出 5—10 个这样的事例

尝试一下符合自己的“疯狂行为”

从这些名人事例中吸取灵感，实际尝试一下符合自己的“疯狂行为”

例如：

* 把自己的工作量提升到原来的十倍
* 尝试三天内完成一个月的工作

工具总结
A SUMMARY

- 生活就像海洋，只有意志坚强的人，才能到达彼岸。面对未知，恐惧在所难免。无需逃避，要直面现实，学会和恐惧讲和。
- 写下让你恐惧的“罪魁祸首”，分析原因，找到通过努力可控的部分，将恐惧大而化小。
- 遇到不确定的事情，可以听取别人的意见，但切忌盲从。最后做决定时，别人的意见只能作为参考，自己的想法要占80%。
- 抱怨、借口和嫉妒只会令你离成功越来越远。要停止做这些无意义的事情，多从自己下手。
- 多了解他人成功经历，探索面对困难时别人的想法和行动。仔细思考如何活用别人的经验，滋润自己的人生。
- 用呼吸法控制恐惧心理：（1）把气吐净：慢慢地呼出

肺里残留的空气。（2）用鼻子吸气：用鼻子慢慢吸气八秒，直到新鲜空气满怀。（3）停止呼气：一瞬间停止呼吸，将肺内部的空气一下子挤到背后。（4）一口气呼出所有空气，持续四秒。想象恐惧心理、烦躁的情绪都和呼吸一起被呼出去了。（5）反复练习。

- 尝试寻找名人名言，大声说出来，用自我肯定法来给自己增添勇气。

- 想到哪做到哪，生活中不妨疯狂一回：把帽子扔过高墙，为之不懈努力吧！

STEP THREE

平凡与非凡之间，差的只是习惯

如果没有拼尽全力过，我们会想当然地以为那些成功的人有着可遇不可求的机遇。然而事实是，真正让人与人之间产生差距的，是习惯。良好的习惯无异于成功捷径。比如：一个太大的目标只会把自己压垮，我们只需将大目标分解成小目标，再制订一个切实可行的计划，从点滴做起，就会容易得多；古语说“近朱者赤”，我们可以借鉴成功人士的思考方法和生活方式，成为更好的自己。

如果想要把学过的东西运用自如，或者把刚刚开始做的事情尽力做到极致，就需要不断磨砺自己，直到你可以自信满满地说“我成功了”为止。

可是，我们知道一旦形成了“习惯化的高墙”，想要再去改变那些固定的行为模式就不是简单的事情了。东西旧了，人们往往会感到不如新的好用；衣服旧了，即使干净、整齐，也必定失去了当年多彩的风姿；机器旧了，无论怎样修理也不会如新机器那样高效。不过所有这一切，如果人们愿意，就可以换一个新的。可是当人的思维陈旧时，却不可能立刻换一种新思维，人的头脑往往会被习惯性的思考方式给锁住。

正如大家知道的一样，潜意识占所有意识的90%以上，而已经习惯化的行为模式就像是潜意识编辑的程序编码一般，想要单靠意志力，也就是显意识来改变什么的话，无异于螳臂当车，是不可能有效的。

所以，想要彻底攻破“习惯化的高墙”的话，我们需要避重就轻，想办法绕过潜意识的抵抗，不要想用蛮力将其一举击破，而是要用巧劲在墙上开洞，使其逐渐土崩瓦解。这里的关键词是“轻松”+“快乐”。

根据精神分析学者弗洛伊德的学说，人的内心构造可以分为三个层次：“本我”“自我”“超我”。其中，隐藏最深的原始精神能源“本我”有着趋乐避苦的倾向。所以，刚才说到的关键词里，“轻松”就是要避苦，“快乐”当然就是趋乐了。

本章将会告诉大家如何轻松、快乐地掌握新事物，讲解在“习惯化的高墙”上打孔的攻略。

不要因为走得太远，而忘记为什么出发

为了让大家能够把刚开始接触的事物转变为习惯，我希望各位能够先记住一点，那就是“不要因为无法成为习惯而烦恼”。也许有人会说，道幸，你在开玩笑吗？你先别生气，我这个想法可是很认真的。

不要为新事物无法成为习惯而烦恼，而是要尽量回忆之前成功养成的那些习惯，这样才能重获自信。然后，反思自己做不到的这些事情，回想自己的初衷，尝试寻找可以养成习惯的其他途径。这可是攻破高墙的关键点哦。

回忆之前成功养成的习惯

我有一个朋友E对瑜伽非常感兴趣。刚开始学习的时候，每周都会抽时间去有专门老师指导的瑜伽教室练习，而且乐在其中。可是，工作一忙起来就没有时间去了，经常请假，等练到三个月的时候更是不怎么去了。

由于没能坚持练习瑜伽，E对自己很不满，总觉得有罪恶感。潜意识一旦产生了罪恶感，就会自动输入“自己不行”的编码，给其他事情也带来了不良影响。

于是，我建议他多想想自己以前养成的好习惯。

因为一想到自己曾经成功养成的习惯就会在潜意识里滋生出“我能行”的信念，这些自信生根发芽，就会大大提高习惯化的原动力。

无为之人⤵

总是想着自己的失败、挫折，因而烦闷不已

↓

渐渐失去自信

有为之士⤴

立足原点，回忆自己本来的目的，探索不同的方法

可以发现能够轻松养成习惯的其他方法

其实，E还是小孩的时候就练习过剑道，在大学期间还参加过举重训练，步入社会之后也有坚持写日记，想到这些以前养成

的好习惯，E也慢慢重拾自信，找回真正的自己。

回忆自己本来的目的

接下来，我问E："最开始练习瑜伽的目的是什么？"他告诉我是为了保持身体健康，还想美体。

我听了就建议说："那样的话，不去瑜伽教室也可以，只要做一些如散步、慢跑等简单的运动就可以啊。如果还是很想练习瑜伽的话，刚开始时就一个月去一次，之后再根据自己的时间安排决定吧。"

回忆自己本来的目的，探索一下有没有其他方法，这样就很可能培养新的习惯。那之后，E每周慢跑两次，每个月去练一次瑜伽，此外还坚持每天早上在自己家里做十分钟的瑜伽。他现在比我给他提建议时足足瘦了十斤，特别开心。

要知道，养成习惯这件事本身并没有多大价值，重要的是通过这些习惯达到了你最初的目的。所以，我们在养成习惯的时候，可以探索达到目的的不同方法，多尝试几次，就会发现适合你的、容易养成的习惯了。条条大道通罗马嘛！

习惯化的第一步

不要因为无法养成习惯而苦恼

那么，应该怎么做呢？

和理想中的自己融为一体

多想想那些成功养成的习惯

成功养成
的习惯有
……

一点一点建立起自信

回忆起最初的目的

为了达到目的，可以探索多种不同方法

计划好，再奔跑

如果发现了想要做的事或想实现的目标，就准备好一个管理手册来制订计划吧。从终点站倒数，在手册上标记出每一天应该做的事情。每天都看一看手册的内容，就很容易养成习惯啦。我还是营销员的时候，就随身带着手册，充分利用手册来养成习惯、达成目标。

明确愿望——将愿望细化、精确化

首先要做的是明确愿望。《精神与坚强意志》（阪急通讯）的作者吉姆·莱亚曾经说过，明确自己的愿望，将其具体化，并且给自己规定达成时间的话，实际行动的可能性就会翻一番。

假设，你的愿望是想去美国的研究院留学。将这一问题具体化的话，就可以说“想去哪个研究院”“想要攻读哪个研究领域”等。然后，再确定什么时间完成这一愿望。把这一明确愿望写进手册里。

还可以把它写在名片大小的纸片上。这叫作“梦想卡片”，可以放在名片夹或者钱包里。每天都看一看的话，就不会忘记啦。而且它会深入潜意识之中，激励你为实现愿望而努力。

此外，还可以利用手册帮助记忆、总结提高。

我的一个学生喜欢打网球，可是技不如人，每次都输得很惨，弄得自己情绪低落。渐渐就不太喜欢打网球比赛了。看到他手里玩转网球发呆的样子，我很心疼，就建议他准备一个手册，把每次比赛的情况如实记录下来，并加以分析。比如，哪位球员用怎样的方法打赢了对手，谁露出了什么样的破绽才输的，再看自己擅长什么打法，有什么软肋。更重要的是要坚持写手册，每一次都对自己加以评论和鼓励，并分时间段比较自己前后的变化。结果，他在坚持按照我说的做了将近四个月的时候，参加了区域性网球赛，并进入了前十。他兴奋的样子可想而知，对我也非常感谢。但我告诉他关键还是在于他自己能够坚持记录手册，并且希望他能够继续下去。在这里也期待他在网球方面能够取得更大的成绩。

制订计划——描绘设计图

接下来，让我们一起制订具体计划来实现梦想吧。

首先，整理出为了达成目标所需要的实际行动，并规定好每一个行动的实施时间。还是举刚才的例子，想要出国留学的话，首先需要参加入学资格考试，认真复习，存足够的留学资金，这些都是必要的行动。之后再分别加上完成日期就可以了。

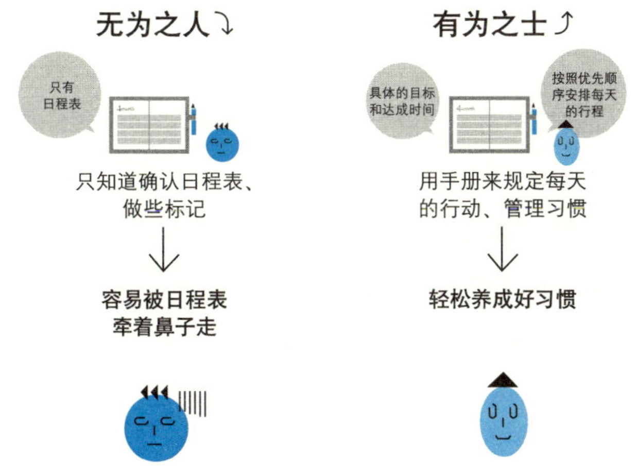

制订好必要的行动和日期之后，细化到每月、每周、每天应该怎样学习或者存钱，需要详细设定。

把这些计划依次写到日程表里面。

关键是一定要设置一天用来调整计划。要知道，计划再完美也不可能完全按照计划进行。所以，需要设置一天用来调整计划，比如补习落下的功课之类的。

早上，一定要打开手册——确认一天的行程

为了能够实行计划，每天早晨起床一定要先打开手册，确认今天的目标和在什么时间完成什么任务。

趁着早晨头脑清醒，充分发挥潜意识的功能。

习惯化要从清晨的确认工作开始。

为了达成目标而必备的手册攻略

[1] **明确愿望**

*是什么（愿望的具体内容）

*什么时候达成目标（具体到日期）

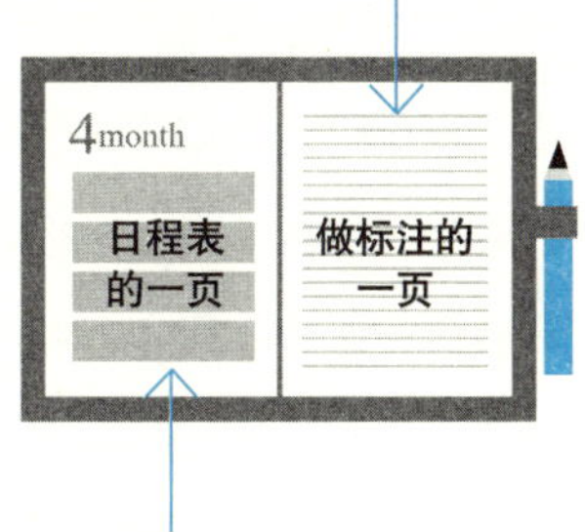

[2] **制订行动计划**

*写出在规定日期内达成愿望所必需的实际行动

*以月、周、日为单位制订行动计划，并写入日程表

养成使用手册的习惯

这是关键

设置一天用来调整计划

一开始就设定一天来调整计划，比如补救未完成的部分

早上，一定要打开手册

趁着早晨头脑清醒的时候，确认日程表，容易使潜意识充分运作

目标向下分解，生命才能向上蓬勃

开始新项目时，不要一口气做很多事情，而应该把项目分成几个小部分或者分成几个阶段去做。这样一来，花费的时间和肩上的压力都会得到减缓，才能够在“习惯化的高墙”上打孔。

当你想要学习的内容很多时，先把要学的知识分成几个小题目，形成目录，再从中选择一个感兴趣的或者简单的开始学习。

我的一个朋友就和我说过她的一段实习经历，现在我仍记忆犹新。因为我本以为她是在抱怨所属部门经理的安排，其实她是给我讲了一段非常有意义的话。她实习的公司是为各大奢侈品牌搞宣传策划的。实习职位是市场经理的助理，而去那里的第一个月她的工作基本和市场营销不搭边。她告诉我，第一周她的工作就是整理杂志：将近三年来的杂志按照名称整理好，并处理掉过期或者没用的杂志；第二、三周是在整理好杂志的基础上，将其分门别类，贴上标签，便于大家查阅；第四周的工作则是选一本她喜欢的杂志开始阅读，并要求掌握其中的品牌、名人信息；第五周的时候，她有机会参加一次活动的策划会议，并且提出了自己的见解，得到了经理的表扬。而且，她的点子就是源于一本看过的杂志，经理也正是当知道她是通过看那些杂志而想到这个点子时才称赞她是可塑之才。

联系开头的攻略，有没有发现什么呢？是的，没错。其实，那位市场经理的安排正是遵循了开头部分讲到的攻略。想要学习奢侈品宣传策划，一下子肯定会抓不到头绪。所以，先通过整理杂志了解宣传方面的名家，再在分门别类的过程中了解奢侈品的种类、宣传方式等，然后再从喜欢的杂志开始学习，达到事半功倍的效果。并且，鼓励将从杂志中得到的灵感活用到实际公司活动中。这就是培养人才、使其养成良好习惯的手段。

我是十年之前开始学习经营学的。所谓经营学，其内涵是相当丰富的，囊括的范围很广。所以，我采用下列方式开始学习。

1. 把题目大致细分为几个小题目

2. 从容易理解的题目开始学习

下面，我来具体说明一下这两个步骤。

把题目大致细分为几个小题目

细分题目就是为了方便自己学习，所以不需要纠结于分类分得是否完美。

由于企业内部通常划分为经理、人事、营业、宣传等部门，所以我想按照这一框架依次学习各个部门的相关知识。

对了，如果你有机会去比较大型的书店的话，就会看到那些被细化分类的书架，相信它们可以成为你细分的参考。

比如，有一家书店是这样划分关于经营学的书架的：财务管理、人事劳务管理、经营管理、生产管理、仓库管理、公开发行股票、经营信息体系、物流管理、销售、市场、宣传、品牌、经营战略等。这就可以用来当作目录。

把最终目标分成几个小目标来完成也是同样道理。

日本著名的马拉松运动员山田本一曾在1984年和1987年的国际马拉松比赛中，两次夺得世界冠军。记者问他为何能取得如此惊人的成绩，山田本一总是回答："凭智慧战胜对手！"

大家都知道，马拉松比赛主要是运动员体力和耐力的较量，爆发力、速度和技巧都是其次。因此对山田本一的回答，许多人觉得他是在故弄玄虚。十年之后，这个谜底被揭开了。山田本一在自传中这样写道："每次比赛之前，我都要乘车把比赛的路线仔细地看一遍，并把沿途比较醒目的标志画下来，比如第一标志是银行、第二标志是一棵古怪的大树、第三标志是一座高楼……这样一直画到赛程的结束。比赛开始后，我就以百米的速度奋力地向第一个目标冲去，到达第一个目标后，我又以同样的速度向第二个目标冲去。多公里的赛程，被我分解成几个小目标，跑起来就轻松多了。开始我把目标定为终点线的旗帜，结果当我跑到十几公里的时候就疲惫不堪了，因为我被前面那段遥远的路吓倒了。"

想要养成的习惯——目标是需要分解的，一个人制定目标的时候，要有最终目标，比如成为世界冠军，更要有明确的绩效目标，比如在某段时间内成绩提高多少。最终目标是宏大的，是引领方向的目标，而绩效目标就是一个具体的、有明确衡量标准的目标，比如在四个月内把跑步成绩提高一秒，这就是目标分解，绩效目标可以进一步分解，比如在第一个月内提高0.03秒等。

当目标被清晰地分解了，目标的激励作用就显现了，当我们实现了一个目标的时候，就及时地得到了一个正面激励，这对于培养我们挑战目标的信心的作用是非常巨大的！而当这些小目标被依次完成之后，我们的最终目标也就出现在眼前啦。养成习惯就是这样一个循序渐进的过程，切忌一口吃个胖子。

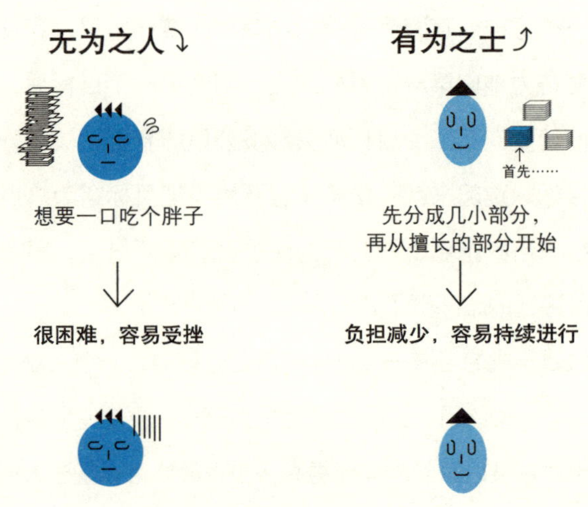

在网上查找相关信息的时候，维基百科的分类也可以作为参考。

从容易理解的题目开始学习

从自己擅长的部分或者比较熟悉的部分开始学习的话，会更容易养成习惯。

比如，我因为做过将近七年的营销工作，所以选择从密切相关的市场营销开始学习，实际取得了不错的效果。我举了十个商业个例，分行业对其市场销售手法进行研究。结果不到三个月，我就可以回答与商场销售相关的任何问题了。

接下来，拓展学习范围，研究与商场营销相关的宣传、品牌经营、经营战略等内容。十个月后，我便可以作为商场销售与企业发展战略的咨询师开始咨询工作了。

总之，面对新事物不要过于心急，要一点一点地慢慢学习。无法养成习惯的时候，不妨尝试一下将其细分为若干部分或者若干阶段后再逐一攻破。

习惯化的方法

从点滴做起

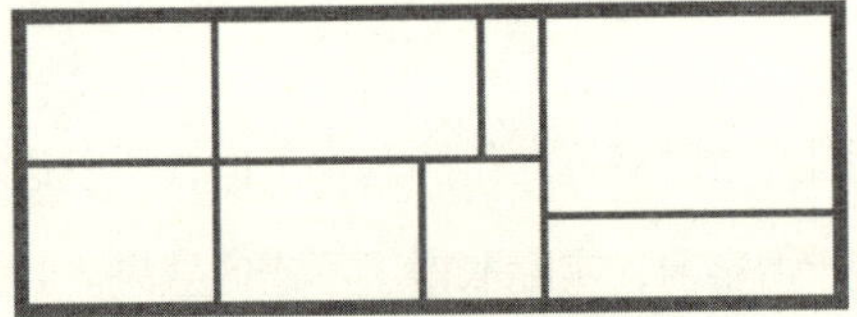

把大题目细分成若干部分，再逐渐攻破

例如：经营学（题目）

* 商场销售
* 宣传
* 品牌经营
* 经营战略

细分（形成目录）

为了能够从点滴做起

这是关键

大概细分就好

可以参考大型书店或维基百科的分类方法

从擅长的部分开始学习

从容易的内容开始学习，这会给你增添动力

每天努力一点点是最值得骄傲的品质

当你真正做到持续进行某个新项目时，应该给予自己一些肯定。给予自己适当的奖励也是有利于打破“习惯化的高墙”的。这就像小孩子考试之前，父母总会承诺：“孩子，如果这次考试考了一百分（或者得了第一名），爸爸就给你买……”当然，有的父母过于溺爱孩子导致出现越来越多的小皇帝、小公主，但是，同样的方法如果是用在成年人身上的话，就好办多了。因为大人们知道自己真正需要的是什么，自己消费自己享受就会有节制得多。而且，有了明确目标加上适当奖励在前方等着你的话，你肯定会比孩子更加努力进取。

所以，“如果足够努力的话就会得到奖励哦”，有了这样一个前提的话，相信你会更有干劲儿，更容易养成新的习惯。

连续坚持一段时间的话就要给予奖励

我还是营销员的时候，就给自己立了一个规矩：每周只要能够达成营业额就可以去悠闲地看场电影。慵懒地坐在椅子上，看着大型屏幕放映的电影，对平时业务繁忙的我来说没有比这更加惬意的事了。我的情况就是把完成营业额作为奖励自己的准绳。

首先，需要设定一周、一个月这样的时间段作为基准。然后，再分别设定奖励内容，比如：

一周的话就奖励自己蛋糕等美食或者看场电影（一千日元左右）；一个月的话就去看喜欢艺人的现场表演或者出去周末旅行（一万日元左右）；能够连续三个月的话就可以去买一直想要的衣服、皮包什么的。

这时候如果能够及时运用管理手册的话效果会更好。在手册的周计和月计的一栏里写上给自己的奖励，常常翻看。我曾经把喜欢的东西拍照贴到手册上，还有预先买好电影票夹在手册里。这样每次一打开手册就会看到我的奖品在向我招手，自然而然就更有动力了。

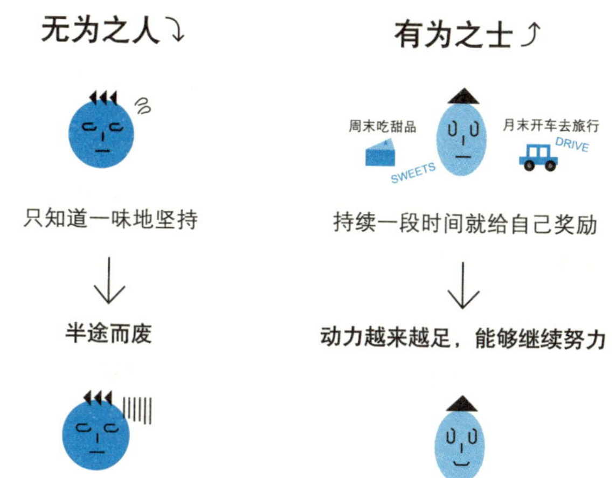

对每天完成的事情进行自我称赞

不仅持续一周、一个月能够得到奖励，还要每天给予自己肯定，对自己每天完成的工作进行称赞也是非常重要的。

根据心理学家的分析，人们都有一种想要被别人称赞的欲望。而能够满足这一欲望的最佳方法就是让别人来称赞自己或者自己称赞自己。而且，自我称赞相当重要。

“今天做得也不错！”像这样自我称赞的话，有的人可能一开始还不习惯，不过只要坚持每天说的话就会觉得越来越有趣了。当你完成任务的时候，不但要给予自己口头表扬，还要在当天的手册上画双重圈的符号。这样的话，手册上的双重圈就会成为你努力成功的标志，能够给你带来更多动力。

即使没能完成任务也不要过于自责。一味地责怪自己、内心满是歉意是无济于事的。只要第二天能够放下包袱，重新开始就好。

自我称赞和放下包袱就是打破“习惯化的高墙”的好方法。

养成习惯的方法

设定奖品

连续坚持一段时间的话就要给自己准备奖励

成功完成任务的时候

自我称赞

当你完成了学习或工作中的任务时，就要对自己说："成功啦！""做得不错！"并在手册上画一个双重圈标记。

↓

自我肯定＋成功标记
就会使你更有干劲儿

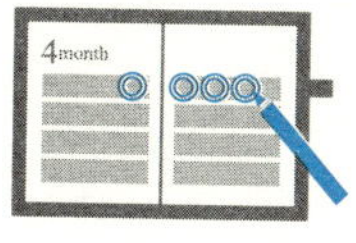

今天做得
也很好！

一个人容易迷路，与人同行走得更远

在周围人们的帮助下进行的话，会更加容易养成新习惯。自己一个人的话有时候就会想偷懒，但是有了周围人的帮助，就会形成一种无形的督促，在阻碍你养成新习惯的高墙上打孔。

请老师来监督

最近，为了增强体力，我特意请了一位老师来我家进行强化训练。因为约好了在每周的固定时间老师都会来我家，所以这就迫使我不得不进行准备。即使想偷懒，也要进行强制性的训练。而且，是男人之间一对一的较量，稍微有一点懈怠就会被狠批一顿，也就不敢松懈了。

正是因为请了老师来监督，把自己放到一个不得不做的位置上，才得以坚持下来。

因为我的老师是空手道的高手，所以训练过程中也加入了一些空手道的元素，出拳、踢腿攻击力很强。所以，训练时难免有些痛苦，但更多的是自己在逐步接近职业选手的窃喜。

而且，老师还会根据我当天的身体状况改变训练内容或者增加新的内容，尽量不让我感觉索然无味。

多亏了有老师的强制和监督，以及让我乐于实践的训练内容和内容可变的弹性制度，我的强化训练得以习惯化。即使是现在，虽然没有那么频繁，我也依然在继续锻炼。

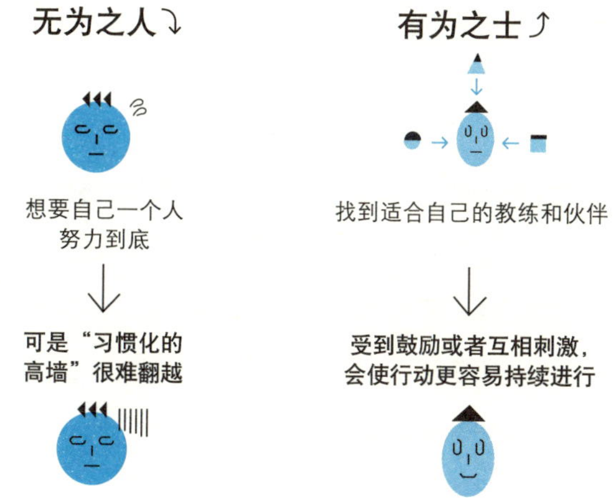

寻找伙伴，相互刺激

我觉得这种强化训练非常好，还推荐给了自己的朋友。于是，好几个人开始一起训练。

虽然最初的目的是强身健体，没想到经过三个月的训练，体重竟然神奇地下降了十公斤。这也给朋友们带来了不小的刺激："道幸，你身材可是越来越好了啊！"大家也都坚持训练，希望能够瘦身变得更加帅气。

当今社会做什么都很便利，只要随便逛逛交友社区或者博客网站，就可以结识很多志同道合的朋友。

如果是找老师的话，我觉得真想养成习惯的话还是要请一位老师到家里来监督，对你进行一对一的指导，这样再好不过了。

找伙伴的时候，两个月左右大家聚到一起，互相汇报一下近况。最好有一个固定场所，让大家面对面交流，互换信息，激发竞争心理，这样更容易坚持到底。

养成习惯的方法

他山之石，可以攻玉

请老师来监督

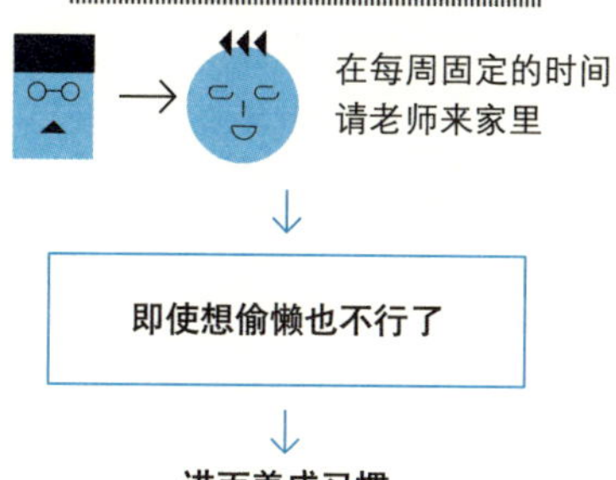

进而养成习惯

招募伙伴

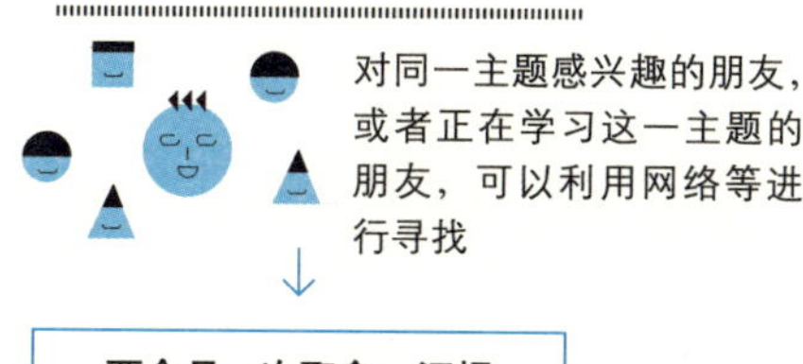

两个月一次聚会，汇报情况，相互激励

借助自己不甘落后于人的劲头养成习惯

习惯的养成应是自己与环境共同作用的

无论尝试多少次都无法养成习惯的话，改变一下环境也许就能行得通。

比如，学生时代，你有没有觉得在某些地方可以安心学习，可是在某些地方就怎么样都没办法集中注意力呢？我想你也应该觉得在图书馆或者家庭饭店可以更加集中注意力吧。找到这样的地方努力学习的话，就可以有效地打破“习惯化的高墙”。

思考的场所和商讨的场所

我在思考商务战略的时候，经常会去可以看漫画的茶楼或是可以上网的咖啡馆。因为那些地方都有狭小的空间，在里面关掉手机就可以营造完美的个人空间。在这样的环境中思考战略的话就会思如泉涌，而且还可以上网，一箭双雕。

和别人商讨的时候，我则会选择饭店的休息区。因为周围会有很多人的喧闹声，反而使我容易把注意力集中到和对方的对话上。

把自己置身于容易集中注意力的地方，我把这种方法叫作“借助环境的力量”。

在学习英语等语言时，我也建议大家多多借助环境的力量。

你可以去英语会话教室学习，也可以为自己制造一个英语圈，到没有其他本国人的地方生活。

还可以找到一个很多人一起学习英语的场所。在固定的时间、固定的地点，出现学习语言的特定人群，如果你也能够加入其中的话，这个团队就会成为你学习语言的理想场所。甚至，你可以在网上发个帖子，号召志同道合之人一起参加。这样，作为发起者的你参加语言学习的积极性就会更加强烈。

前面也提到过，我上大学的时候，曾经在巴西留学十个月。当地人的对话基本上都是用葡萄牙语，大学讲义当然也都是葡萄牙语。因为我每天十个小时以上都是在用葡萄牙语学习或者说话，所以取得了让自己都惊讶不已的进步。这也可以说是借助环境力量的一个例子吧。

无为之人↘

没有意识到环境的重要性

↓

没有办法集中注意力、学习效率下降

有为之士↗

找到可以使自己集中注意力好好学习的地方

↓

全身心投入，有利于形成习惯

搬家也是养成习惯的好机会

一旦搬家的话，生活环境和氛围都会有所改变，所以使人容易养成新的习惯。我在参加人才培养公司的时候，在走路十分钟可以到达公司的地方租了房子。

每天早上，去公司取几份营业订单就立刻回到自己租的房子里。避开嘈杂的办公室，在环境惬意的小房间里轻松准备营业发表并进行彩排，这使我顺利拿下了很多订单。

而且在自己家里网速快，工作效率高，所以在那段时间里，我养成了居家办公的习惯。这也是住所离公司较近赋予我的好习惯。

不过，对一般人而言，搬家可不是件小事，没有必要刻意为了改变环境而搬家。你大可以只改变一下房间的布局、墙壁的图案、桌椅的位置等，这样就能起到改变氛环境的效果。请大家尽情尝试改变环境的多种方法吧！

养成习惯的方法

尝试借助环境的力量

找到可以使你集中注意力的地方

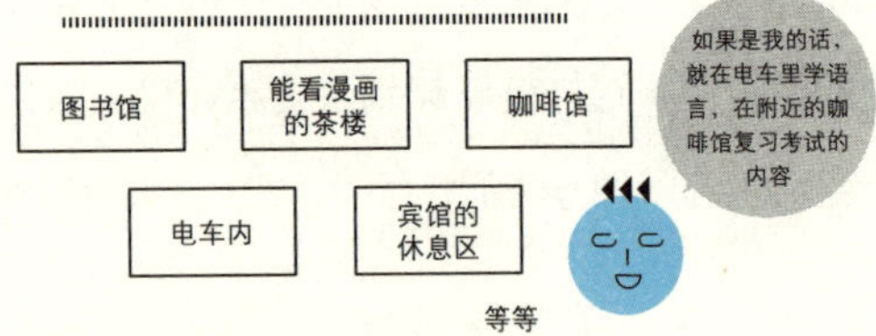

学习语言也需要借助环境的力量

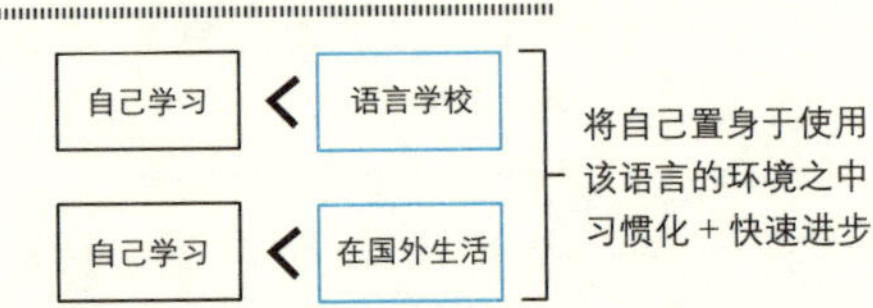

营造容易养成习惯的环境

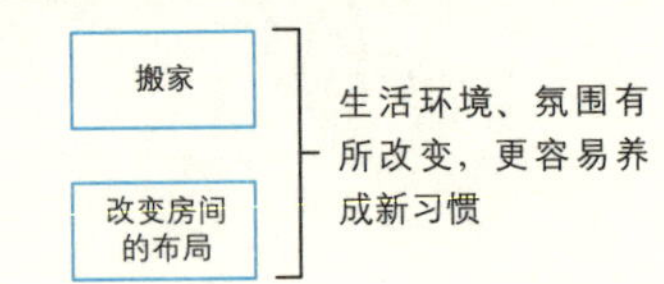

远离那些充满负能量的人

跟成功的人在一起！一个失败者是不会教你如何成功的，如果你想成功就一定要跟成功人士在一起。这个学习方法是比较特殊的。设想一下，如果你天天跟比尔·盖茨一起生活，你会变成什么样呢？人生的成功“70%源于人脉，30%源于能力”。与其自己努力奔跑，不如找匹快马骑上去，让那匹马替你跑。

所以，找出你心仪领域中的名人、成功人士，并想办法在他们手下工作，这样就可以在“习惯化的高墙”上打孔，对你掌握相关技术非常有利。研究这些人的习惯、工作方式、生活态度等，并将这些好的做法运用到自己的工作、学习中，即使遇到挫折也不要气馁，你一定能在它们的帮助下克服各种难关，最终掌握想要学到的技术的。

在这里想要提示一点：我们常说的“向前人学习”只是学习态度，它不等于学习方法。而态度却不可能替代学习方法和做事方法。

米卢说过一句很漂亮的话——态度决定一切。当初我认为这是对的，不过后来慢慢发现又不全对。我认真地学习，天天学习很长时间、看很多书、做很多习题，但是成绩并没有上去，还是原地踏步。最后我发现原来是我的学习方法不对，此后我就知道“态度不决定一切，但没有态度就什么都不能决定”和“方法才能决定一切，但需要态度的支持”。

找寻解决问题的方法是最终目标，态度只是一种辅助品，它可以帮助你更好、更快地找到方法。即使你的态度不好也可以凭借方法“侥幸”取得胜利。美国每年花大量的金钱去购买专利，并不是购买态度而是购买解决问题的“方法”。

所以，下面就让我们一起看一看成功人士的工作方法。

没有人会随随便便成功

我第二次跳槽之后，进入人才培训公司工作。

这家公司的老板F曾是多家名企的顶级营销员，之后独自研发出了人才开发战略，并创办了这家公司，是一位非常了不起的成功人士。我在很久之前就开始学习该公司的课程，听取各种研修项目，所以，对我而言，F老板是一位可望而不可即的人物。

进入该公司后，我每天都忙于营业工作，但还是一有机会就仔细观察老板的一言一行，研究其工作方法、营业手段、人才管理方法等，可谓受益匪浅。

此外，我还详尽地调查了老板在各个年龄段立下了怎样的目标，又是怎么达成的，等等，并以此为参考，设定了自己的目标。

经过这些调查与观察，我发现了老板的成功秘诀，就是彻底进行时间管理和行动管理。

老板一旦说哪一天要做什么，那就一定要做完。而且，他会严格筛选出自己要做的工作，其余的都交给部下。

无为之人⤵

无法走出自己一直以来的固定思维模式，不会变通

反复遇到同样的困难

有为之士⤴

在成功人士身边工作

学会顺利工作的思考方法和生活方式

我也学习老板的样子，彻底进行时间管理和行动管理，把营销调查、制作营业报告等电脑工作和事务性工作全权委托给助理。

这样一来，我用来搞营业的时间就比别人多出了一倍，进公司不到三个月，我的销售额就达到了其他营销员的五倍。

可能有人会说，现在都讲究创新思维，一味模仿前人的做法，那叫故步自封。可是，要知道所有创新的前提都是不断地模仿。这个观点我是从电视剧《龙樱》中学到的，说得很有道理。如果你已经完成了模仿过程就可以开始尝试创新了，如果模仿的本领还不扎实，那还是先多多模仿吧！有道是“熟读唐诗三百首，不会作诗也会吟”嘛！话说回来，如果你连模仿都做不到的话，那又何谈创新呢？倒不如这样想：模仿前人的工作方法，是前人给你留下的创新思维；发现自己的工作方法，是你给别人留下的创新思维。

在与自己有诸多共同点的人身边工作

寻找学习对象时，并不是说只要是成功人士就都可以的。关键是要在与自己有诸多共同点的成功人士身边工作。

我和老板F就有很多相似之处：我们都是北海道出身，在从事营销员的过程中都有过最佳销售员的纪录，都曾多次跳槽。

有诸多共同点的人们就很可能遇到相似的“无形墙”。那么，前辈成功跨越高墙的方法很可能在自己身上也适用。研究成功人士挑战的好方法，与之发生共鸣，才能更好地实践。

在成功人士身边工作的话，你会有机会得到比专业技术更为重要的东西，所以，请务必尝试寻找这样的前辈。

养成习惯的方法

在成功人士身边工作

找出你心仪领域中的成功人士，
并想办法在他们手下工作

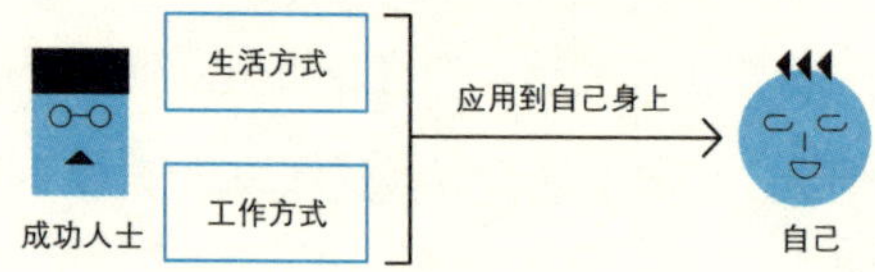

在成功人士身边工作

这是关键

注意观察，勤于提问

观察成功人士的生活、工作方式，有什么不明白的地方大胆提问

向与自己有诸多共同点的成功人士学习

出身、孩提时代的境遇、学历、职场经历、体格等方面有共同之处的人们很有可能会遇到相似的“无形墙”，请努力学习成功前辈的生活哲学和跨越高墙的方法

充电一分钟，幸运一整天

这一章一直都在介绍如何在“习惯化的高墙”上打孔，从而顺利养成新习惯。最后，我想给大家介绍两个可以使自己成长的好习惯：

1. 早上，和镜子里的自己说话。
2. 早上，对自己提出问题。

早上，和镜子里的自己说话

早上起床后，就先照镜子，对着镜子里的自己打招呼，精神十足地说一句：“早上好！”然后再尝试和自己对话一分钟左右。你要像对待朋友或同事那样，轻松自在地说话，同时观察镜子里自己的表情。

平时，我们都不知道自己在别人眼里是怎样的，很有可能本打算笑脸迎人，结果弄得皮笑肉不笑的，看起来比哭还难看。

和镜子里的自己对话，就会发现自己想象中的形象和实际在别人眼中的自己有多大差距，进而有针对性地进行修正，在不知不觉间改善了和别人的交流。

通过观察镜子里的自己，养成客观看待自己思维模式的习惯，有利于进一步解决其他问题。

遇到别人的问题能想出很好的解决办法，可是面对自己的事情时却摸不着头绪，对这样的人来说此方法极为有效。

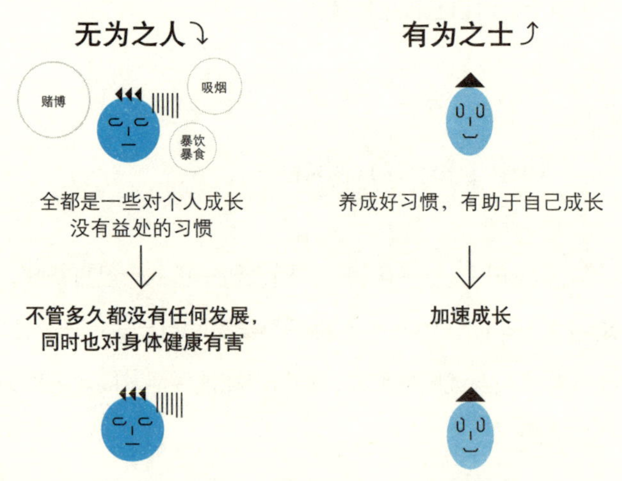

我经常对着镜子里的自己说：“喂，道幸你总是这么精神啊，

今天看起来也不错哦！”刚开始的时候，我当然也会不好意思，不过，现在早已经习惯了。大家也尽量说出声来，如果实在不好意思的话，那么在心里默念也可以。每天早上要和镜子里的自己对话一分钟。

早上，对自己提出问题

和自己对话之后再问问自己下面两个问题，仔细思考答案。

1. 自己前几天做得不错的事应该有很多吧，从中举出一个例子。

2. 为了让今天成为最完美的一天，你打算和谁一起做什么？

第一个问题的答案可以是你做过的一些善事，比如，在公共汽车上把座位让给了老人。也可以是你觉得很幸运的事，比如，今天盖饭里的菜又多又好吃。

面对第二个问题，你需要考虑怎样算是最完美的一天？会以怎样的心情去度过这一天？为了度过最完美的一天你会和谁一起做什么？想到这些问题的话，你就会觉得心扑通扑通地跳个不停，满怀期待地开始一天的新生活。而这样的心情真的会让你度过不同凡响的一天哦。只要早起五分钟就可以做到，快来一起尝试吧！

可以使你成长的好习惯

早上，对着镜子和自己说话

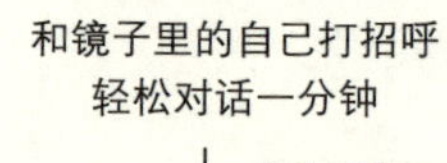

↓ 成为习惯

就会注意到别人眼里自己的形象	客观地看待问题
↓	↓
可以及时改变自己的表情、态度，进而改善留给别人的印象	进而解决其他问题

早上，对自己提问

第一个问题	第二个问题
自己前几天做得不错的事应该有很多吧，从中举出一个例子。	为了让今天成为最完美的一天，你打算和谁一起做什么？

肯定自己的过去，畅想美好的未来

↓ 成为习惯

满怀期待地开始新的一天

工具总结
A SUMMARY

- 养成习惯这件事本身并没有多大价值，重要的是通过这些习惯达成你最初的目标。我们可以探索达成目的不同方法，养成最适合自己的习惯。
- 当你想要学习的内容很多时，先把要学的知识分成几个小题目，形成目录，再从中选择一个感兴趣的或简单的开始学习。
- 当你真正做到持续进行某个新项目或者完成了某一阶段性任务时，应该给予自己一些肯定，包括言语上的鼓励和物质上的奖励。
- 找到适合自己的伙伴，互相鼓励、合作，让行动持续进行。
- 尝试借助环境的力量，找到可以使自己集中注意力的地方，全身心投入。
- 跟成功人士在一起，学习他们良好的思考方式和生活方式，会使你少走很多弯路。

- 和镜子里的自己说话，分析日常行为的得与失，能让你更客观地看待问题，从而使其他问题得到解决。

STEP FOUR

别让自以为是抹杀了
你之前所有的努力

不可避免地，我们把自己当作世界的中心，这种自以为是的态度除了彰显自我，还会让我们离朋友越来越远。没有谁是一座孤岛，虽然每个人的追求不同，但我们都是需要被爱、被帮助的人。真正的成功，是点亮更多人的人生！试着去感谢遇见的每一个人，学会与人分享成功的喜悦，敞开心扉，帮助别人，让自己的人生变得丰满。

自己是最重要的，这种自我肯定的感觉可以给我们带来乐观情绪和努力进取的信念。

可是，一旦这种自我肯定感过于强烈的话，就会演变为“只有我是特别的”“只要我觉得好就行”等私欲，也就是形成了“自以为是的高墙”。这种思想会在你的一言一行中体现得淋漓尽致，在你与周围的人之间形成一道无法跨越的鸿沟。

相信在你攻破了“固定观念的高墙”、“恐惧心理的高墙”、“习惯化的高墙”之后，已经90%摆脱了“我不能”的状态，在此基础上，摇晃并拆掉“自以为是的高墙”的话，你的身边就会增加很多伙伴。你自己也会更加有自信，周围的人都会对你另眼相看，觉得你是绝对可以成功的。

这一章主要介绍的内容就是如何摇晃“自以为是的高墙”，使你能够毫不介意地和他人分享你的成果、经验体会，使你能够接受别人、扩展自己的人际圈。

这就是完全摆脱“不能”，迈向“可能的自己”的最后一步。请踊跃尝试，不断努力。

温暖是一种美好的力量，感谢你遇见的每一个人

你闲来无事到处走走，来到一家咖啡馆，却被店员阳光般的灿烂笑容感染，瞬间觉得心情无比舒畅，或者感动于店员对客人无微不至的关怀，觉得心里暖洋洋。那么，就写封信表达一下你对店员的感谢之情吧。

当然，立刻表示感谢也是很必要的，不过如果能够之后再给咖啡馆老板写封信表扬那位店员的话，对店员也是一种鼓励和回报。

这样咖啡馆的氛围就会越来越融洽，到访的客人就会觉得身心舒畅，从而形成良性循环。

如果是旅馆的话，在客房里应该有调查问卷的传单，就可以在那上面留下自己住宿的感受和意见。可是，咖啡馆的话并未发现哪家店里有调查问卷的传单可以填，也就失去了表达谢意的机会。所以，我们可以自己写信来表达感谢的心情。

给咖啡馆的老板写信不仅要花费时间、手工、邮费，对自己还没什么实际利益。

而恰恰是这样才有利于你打破“只要我觉得好就行”的“自以为是的高墙”，这是个非常有效的方法。

首先，要标明去那家咖啡馆的日期和时间。在去那家咖啡馆之后的两周之内写信比较好。超过两周的话，会感觉已经一两个月了似的，你自己和店员可能都记不清到底怎么回事了。

其次，信中还要明确是哪一位店员为你做了怎样的服务，让你非常难忘并且感激的，一定要写具体。这样的话，对方才会清楚地记起你：“啊，原来是那个人啊！”达到这样的效果。

无为之人⤵

被别人的笑容和关心感动也没有任何表示，一如既往

“自以为是的高墙”就会岿然不动

有为之士⤴

被别人的笑容和关心感动，写信表示感谢

有更多的人露出笑容

有时候也可能不知道对方的名字或者没有机会问，这样的话，把去咖啡馆的日期和时间准确记在手册上，写信时提及的话，也会印象深刻些吧。

给可能以后没有机会再见面的人写信

我个人比较喜欢大一点儿的咖啡馆，一杯咖啡从一百五十日元到两千日元不等，我经常出入各种各样的咖啡馆。如果遇到中意的咖啡馆的话，就可能会多去几次，由于我愿意主动打招呼，所以很快就能混得脸熟。

可是，如果是已经很熟悉的咖啡馆，还给那家店的老板写信说在你的店里非常开心，很让我感动什么的，就会显得太做作了。所以，不用写信而是在闲谈中，一点点渗透，“我在贵店遇到过这样的事，让我很感动……”之类的。

而如果是在旅行途中路过或者平时很少去的店的话，请一定尝试写封信表示感谢。虽然感到开心或者受到感动的人很多，但实际上写信表达自己感情的人却很少很少。

通过写感谢信，你就可以将温暖自己的感情传达给更多的人，让更多的人露出灿烂笑容。

尝试写感谢信

写信表达感激之情

→

被店员无微不至的关怀感动　　写感谢信

表达感谢的信

这是关键

清楚标明日期和时间

写得简单明了，让店员能够很容易就想起当时的情景

* 去该店的日期和时间
* 对哪一位店员表示感谢
* 因什么而感动

这三项一定要在信里写清楚

写给咖啡馆的店长

因为写给店长的话，对那位店员的感谢之情就可以被更多的人知晓，让更多的人能够分享

越是平时不经常去的店才越要写感谢信

尤其是旅行中遇到的小店，更要写一封感谢信，表示感谢

帮助别人，实现自己的人生价值

抽出一部分时间来做志愿者的话，就可以抑制住“只为自己使用时间”的私欲，这也是摇撼“自以为是的高墙”的好方法。

因为志愿者服务不同于工作，无论你花费多少宝贵时间，都不会得到什么实际报酬。不过，通过做志愿者，你可以接触到很多不同年龄层的人，大家没有什么利益关系，反而会让你感到很轻松，不需要再戴什么面具，可以表现出本来的自我；同时，会因为真心投入到为别人服务中而获得充实感。

为了了解自己而进行的志愿者服务

我创业以来的九年时间里，一直担任儿童福利协会的理事。还会邀请福利院的小朋友们来东京迪士尼乐园玩。我公司的职员、召集的志愿者和小朋友们一起分成几组，进行各种游戏，一起吃饭、过节、放烟花，非常开心。

当参加活动的志愿者被问到有什么感受时，他们都感触颇深，“在和小朋友聊天的过程中，他们的天真烂漫让我忽然意识到自己平时都在为多么小的事情而烦恼，真是不值得”“我被他们的活泼可爱所感染，觉得自己好像还可以更加努力”“为了给孩子们留下更加美好的回忆，我一直在认真思考自己还能做些什么，他们实在是太可爱了”“最后分别的时候，当他们向我说谢谢时，我不禁泪流满面”……

当一个人感到自己为什么人或什么事做出贡献时，就会更加清楚地认识到自己的生命价值。所以，为了一些与自己不相干的人或事使用自己的时间的话就可以再确认人生价值。

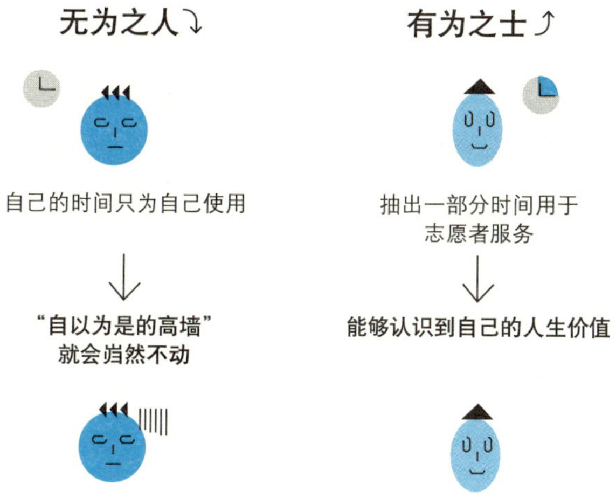

无为之人↘

自己的时间只为自己使用

↓

“自以为是的高墙”
就会岿然不动

有为之士↗

抽出一部分时间用于
志愿者服务

↓

能够认识到自己的人生价值

从参加身边的志愿者活动开始

如果想要尝试参加志愿者活动的话，只要把自己所在地的名字与召集志愿者的字样作为关键词在网上检索，就会得到很多相关信息。

刚开始的时候，只要几个月做一次，而且是不需要什么特别的资格和能力的简单的志愿者服务就可以，这样便于你去勇敢尝试。

比如，街道或海边的清理工作，过节或活动的准备工作。当你能够连续做下去时，可以选择一个月做一两次的志愿者活动，如果是那种有事情就可以请假的志愿者服务的话就最理想了。

长时间连续参加的关键是要选择一些你觉得有意思的、很容易上手的活动，不要勉强自己去做什么。我邀请福利院的孩子们来东京迪士尼乐园玩也是一年一两次，所以才能够长年持续下来。请多多参加各种志愿者活动，进而选择自己能够长期坚持的活动。

尝试参加志愿者活动

抽出一部分时间用于志愿者服务

开始时	习惯之后，有时间的人
↓	↓
只要几个月做一次 简单的志愿者服务	可以根据自己的时间， 在一个月之内连续参加几次

志愿者活动

这是关键

从网络或者政府部门查找

可以用这样的方法找到志愿者活动的信息

* 自己所在地的市町村名与召集志愿者的字样作为关键词在网上检索
* 去市政府、町或者村的政府部门进行咨询

一开始的时候，千万不要勉强自己

从不需要什么特别的资格和能力的简单的志愿者服务做起

* 街道或者海边的清理工作
* 过节或者活动的准备工作

萤火虫也要发光，活着就为改变世界

与抽出一部分时间来做志愿者的道理一样，拿出一部分收入赠予有需要的人也可以抑制“自己赚的钱只为自己花”的私欲，这也是摇晃“自以为是的高墙”的一个方法。

那么，没有时间参加志愿者服务的人就拿出自己收入的1%来捐赠吧。

我觉得如果只是拿出收入的1%的话，应该还是可以接受并持续进行的。想一想，其实月收入三十万日元的人只需要拿出三千日元，而月收入二十万日元的人只要拿出两千日元就可以了，这个额度用来捐款应该没什么问题吧。

我以前读过一本书，主张拿出收入的10%来捐款。

当然，如果即使拿出10%也不觉得生活有什么问题的话，我想那也是可以的。

但是，我觉得持续进行捐款更有意义，所以，别人问我捐多少合适时，我都会回答“建议捐出收入的1%”。

只要现在尽自己所能就好

也许一提到捐款，就会有人说："等我成了富翁以后再捐。"不过，我认为如果你真的有捐款的意愿的话，应该从现在开始尽自己所能，能捐多少就捐多少。这么说，是因为捐款会让你觉得自己对别人而言是有意义的，会使你恢复精神、内心愉悦。

我在第一次月收入仅十八万日元的时候，就为了帮助泰国小朋友上学而开始捐款，每次都是捐出收入的1%。

这样每隔几个月，就会从受到帮助的小朋友那里收到信或满是笑容的照片。

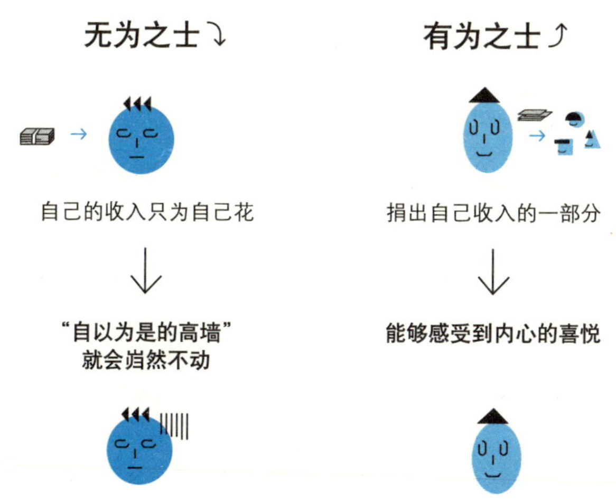

看到这些，我深刻体会到“自己的捐款能够让孩子们高兴”，自己还要更加努力才行啊！就觉得自己精力充沛，全身有用不完的力气一般。

听说，在国外某地，只要每个月捐助一千日元就可以让三十个孩子打上疫苗。也就是说一年的捐款可以救助三百六十个人。借着这件事希望大家能够了解一个事实，那就是我们觉得微小的数目实际上可能会帮到很多人。我觉得即使金额小，但只要在自己力所能及的范围内进行捐助就是有意义的。

实际进行捐助的时候

实际捐款的时候，你可以把零钱投进便利店收银台旁边的捐款箱里，或者在街头遇到搞募捐活动的人时捐出五百日元或者一千日元，从这些点滴开始做起。

当你想要正式捐款时，应该选择那些能够公开捐款用途的组织，能够每隔半年或者一年让得到援助的人和我们接触、为我们送信件传达信息的组织。让你切实体会到自己为了谁、起到了怎样的作用，这样你就会有持续捐款的动力。

把这些因素都包含进去，仔细寻找更多的组织吧。

尝试捐款

尝试捐出自己收入的一部分

在自己力所能及的
范围内马上行动起来
↓
标准：收入的 1%

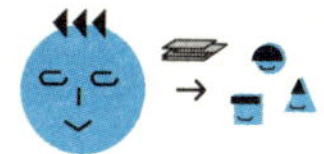

寻找可以持续下去的方法

如果从今天开始的话

便利店的捐款箱

将零钱投入收银台旁边的捐款箱里

互相说谢谢

在街头的募集捐款活动

参加街头、车站的募捐活动、主动捐款

定期捐款

人道主义援助组织

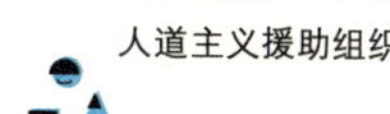

捐助那些儿童或者海外医疗活动的救助团体

害什么羞，起来嗨

如果在酒吧之类的地方喝酒时，与坐在身旁的人在没有互相交换名片、对彼此的身份毫不知情的情况下畅所欲言的话，就可以抑制自己自以为是的心理——“不想做令人害羞的事”，这也是摇晃“自以为是的高墙”的好方法。

与初次见面的人搭话是需要很大勇气的，可是如果强制性要求自己去主动说话的话，就会增加与更多人亲近的机会。

为什么不能表明身份

因为一旦交换了名片、知道了彼此的身份，大家就会自然地从公司、职业等方面来了解对方，就会产生微妙的距离感。

我以前也在酒吧喝酒时与人交换过名片，那人立刻就说：“您就是《加速成功》的作者道幸老师啊！真是久仰久仰！”一下子话题就变得毫无趣味了。虽然我很高兴对方读过我写的书，但是那之后我就决定再去酒吧的话，一定不会再交换名片了。

找准搭话的时间

我去的酒吧，通常都是离车站比较远，大概要走十分钟才到的。因为来这样的酒吧的人，要么是公司就在附近要么就是家在附近，回家的途中进来小憩的，自然心情放松的人会很多，容易搭话。

其中，也会有一个人来喝酒，并愿意和店员闲聊的人。我喜欢一边喝酒一边等待这样的人出现在我身边。

无为之人⤵

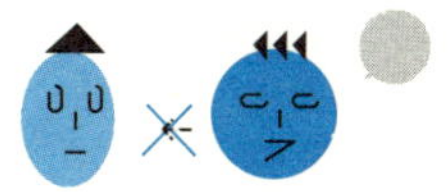

很难与初次见面的人搭话

无法拓展自己的人际圈

有为之士⤴

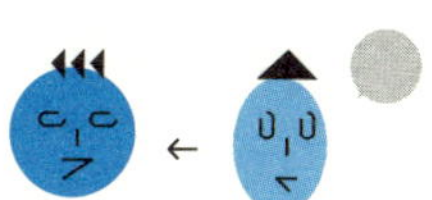

能够主动与初次见面的人搭话，并愉快地对话

推翻“自以为是的高墙”，容易与人亲近

等到一个人来喝酒的朋友坐下来与店员开始聊天的话，就可以很自然地听到他们的对话。在他们的对话中如果出现了与自己相同的兴趣爱好的话，机会就来了。抓住两个人说话的空隙，立刻搭话说：“啊，您很了解……呀，其实我也很喜欢……”如果能就此越说越高兴的话就再好不过了。

但是，如果对方的反应是“唉，什么？”的话，你就要立刻道歉：“突然打扰你们说话真是冒昧，因为刚才听到两位说起……才没忍住插嘴的。”之后就不要再搭话了。

寻找合适酒吧的诀窍

还有就是推荐找一些适合说话的酒吧。在自己习惯的小店里，比较安心，容易搭话。每个月去一两家酒吧尝试一下，这样一年下来就可以了解十五家酒吧的情况了。在其中选择心仪的酒吧作为目标场所。

我经常去的酒吧会为客人提供融洽的聊天氛围，在那里相识相知直到结婚的夫妇仅我知道的就有四对。如果你也能找到这样的小店就再好不过了。

在酒吧尝试与坐在身旁的人搭话

强迫自己主动说话

从“害羞”“要是被拒绝了可怎么办呀”
的类似心理中破壳而出

在酒吧搭话

这是关键

不要交换名片

为了能够直率地进行对话，不要交换名片或者说明身份

找准搭话的对象和时机

* 搭话对象：一个人来酒吧，坐在你身边
* 搭话时机：邻座的人与店员的对话的间隙

寻找目标酒吧

自己习惯的酒吧会使你更大胆些

和任何人都能聊得来

上文中介绍了在互相不知道身份的情况下与酒吧里的人攀谈的方法。可是，如果是不喝酒的朋友，那这个方法就行不通了。

这样的话，你可以在坐新干线或乘飞机出远门的时候，主动与邻座打招呼。待对方坐稳之后，就立刻尝试说："您好！"

根据个人经验，可以愉快交谈的可能性占30%，其余的70%要么是三言两语就不再说什么了，要么是有些吃惊一时间没什么说的。

即使这样也没关系。要知道搭话这一行为本身才是重点。打破害羞等"自以为是的高墙"，就可以在更多的人面前镇定自若地讲话。美国第十六任总统林肯，是闻名于世的大演讲家。他的成功就在于他从青少年时代就开始刻苦练习演讲口才，并做到了多看、多听、多模仿。他年轻时当过农民、伐木人、店员、邮电员以及土地测量员等，体会了各个层次人民的生活。后来为了成为一名律师，他常常徒步三十英里（约四十八千米），到一个法院去听律师们的辩护词，看他们如何辩论、如何做手势。他一边倾听那些政治家慷慨激昂的演说，一边模仿他们。他听了那些云游四方的福音传教士挥舞手臂、声震长空的布道，回来后也学他们的样子，对着树林和玉米反复练习演讲。正因为他能够摆正自己的位置，没有觉得自己的行为丢脸，打破了“自以为是的高墙”才取得了最后的成功。而我们首先需要做的只是主动和邻座打个招呼而已，又有什么困难的呢？所以，一起加油吧！

对方落座之后是最佳时机

一定要把握好搭话的时机，比如你先坐下的话，等到后来的人坐下之后就是最佳时机。

如果是邻座先有人坐下的话，你就可以走过去坐好之后自然而然地攀谈啦。

招呼可以很简单。比如，我坐新干线去大阪的时候，就会这样搭话：“您好，我叫道幸。会在大阪下，请您多多关照。”

如果对方回答说“我也是去大阪”或者“我到博多下”的话，你就可以微笑着接下话题，“那么，如果到了大阪我还在睡觉的话，麻烦您叫醒我”，这样气氛一下子就缓和起来了。

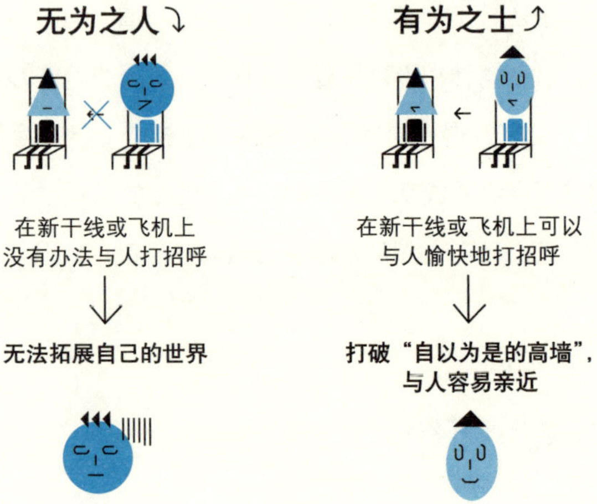

如果对方说“我到名古屋就下了”或者“我是去京都”等，你就可以温和地说：“您可以安心休息，到时候我会叫您的。”

打招呼之后，还能愉快交谈的话，很有可能会得到很多有用信息哦。以前，我坐飞机去奄美大岛旅行的时候，邻座的人就告诉我很多导游图中没有标出的好地方和美食屋。

我也确实去了那些小店，结果客人大都是当地人，我一说是邻座的人在飞机上告诉我这家店的，大家就对我非常友好，走到哪里都受到热情的款待。虽然这样的事情很少，但确实还有这么幸运的事。

首先尝试与十个人搭话

打招呼的人数可以暂时以十个人为标准。这样你可能就会体会到我一开始说的其中很有可能只有三个人会和你聊得很开心，其余的人就没太多话可说了。即使没怎么聊起来也不要放在心上，这样对主动搭话的抵触心理就会小一些。请一定试一试。

尝试在新干线或飞机上，主动与邻座攀谈

尝试主动与邻座打招呼

例如：在新干线上，“初次见面，我是某某。在哪儿下，请您多多关照”。

主动与邻座攀谈

这是关键

在对方放松时抓紧时机搭话

邻座的人一坐下，刚放松下来，你就要立刻搭话

招呼可以很简单

招呼太长的话，有时候会给人添麻烦

* 自己的名字
* 终点（在哪一站下）
* 三十秒左右

要有心理准备，能够与你持续聊天的只有 30% 的人

即使无法持续聊天也不要在意

一个人旅行，去任何你想到达的远方

如果你要去一个身边的朋友都没有去过的国家旅行的话，从朋友那儿得不到任何建议，衣食住行各个方面都要自己一一打点，用网络搜索相关信息、查看景点、确定路线、打电话订机票、旅馆等，这些烦琐的准备工作就会动摇“讨厌麻烦的事情”的“自以为是的高墙”，成为推倒高墙的契机。

而且，由于是周围的人都没去过的地方，所以在国内得到的信息是有限的，到了当地就很可能会出现很多问题。而真正遇到麻烦的时候，都需要你自己去面对、解决。这样的经历是非常重要的。

到切·格瓦拉活跃过的地方

2009年，我独自一人踏上了去往古巴的旅途。当时，刚刚看过《摩托车日记》那部电影，所以，对其主人公古巴革命家切·格瓦拉非常感兴趣。进而想一定要去看一看他度过了生命最辉煌的那段岁月的地方——古巴。

到了古巴之后，最令我惊奇的就是飞奔在马路上的汽车竟然有很多都没有挡风玻璃和侧车门。后来找到一位当地人询问原因，得到这样的回答："一辆车开了二十多年的话，肯定会有买不到的零件，所以就那样了。"看着对方不以为意的笑容，我立刻感受到和日本的不同。

众所周知，古巴是社会主义国家。而且听说，大多数人民的月收入以日元计算的话不足二万五千日元（日本人民的月平均收入大概在二十万日元至三十万日元），我想他们应该生活得很辛苦吧。可是，那里到处洋溢着欢快的氛围，没有压抑，没有悲伤，每个人脸上都有说不出的满足感，看起来感觉很好。

当地的人说，医疗费和教育费都是国家出，又有完备的分配制度，所以生活得很好。我当时觉得国家能够在某种程度上保证人民生活的社会主义理念真的是很了不起。

当然，也有不足之处，比如说无论怎么努力收入也不会增加,没有言论自由，等等。那些比较优秀的棒球手和艺术家们都"出逃"到了美国等地。

让我住在古巴的话，恐怕我也会无聊死的。

不过，通过这次古巴之旅，我开始思考能够使人们安居乐业的社会制度的问题了。

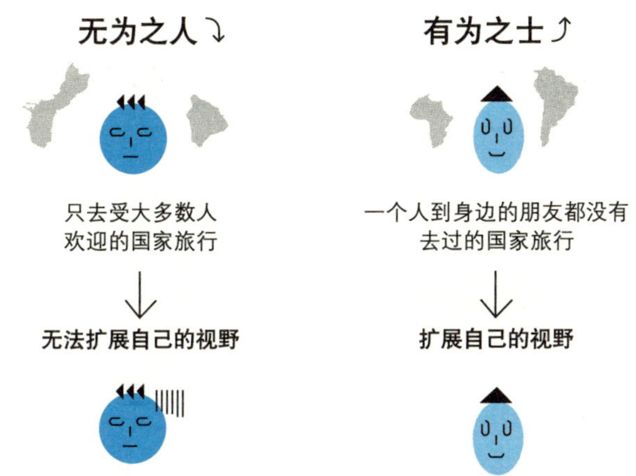

到海外旅行的时候，至少要在当地住上三个晚上

记住，一个人到海外旅行的时候，一定要在当地至少住上三个晚上才行。

如果只住两个晚上的话，去逛逛名胜古迹、买些东西很快就结束了。这样的话就没有任何与当地人交流的时间了。所以，我建议至少多住一个晚上，可以和当地人畅所欲言。

为了推倒“自以为是的高墙”，扩展自己的视野，和当地人交流可是必不可少的哦。所以，再去国外旅行的时候，一定要在日程里安排这样一天。

尝试一个人到游客比较少的国度去旅行

到游客比较少的国度独自旅行

↓　　　　↓

出现任何问题 都要自己解决	要积极主动地 和当地人交流

将自己置于没有任何外界帮助，必须自己行动的环境中，一点一点摇晃“自以为是的高墙”

到海外旅行的时候

这是关键

至少在当地住三个晚上

安排一天用来和当地人尽情交谈

懂得分享，更有力量

通过举办经验交流会，把自己在工作或者生活中学到的技术、经验和大家一起分享，这也是打破“只要自己好，别人无所谓”的“自以为是的高墙”的好方法。

而且，一起参加5—10次学习交流会的人里面，很可能会出现今后与你一道为共同梦想而拼搏的伙伴哦。

确定题目和日期，召集各路豪杰

首先，确定学习交流会的题目。可以是工作技巧，也可以是从书本或研讨会上得到的信息，总之，要准备一个至少能谈上一小时的题目。

接下来，确定日期、参加人数、费用。如果召集的大多是职场中人的话，就选在工作日的晚上；如果是公司以外的朋友的话就选在周末的中午，这是比较理想的时间段。刚开始举办的话，以十个人为宜。因为十个人的话，随便扫一眼就可以看到所有人的反应。

所以，场地当然也要预订可以容纳十个人的地方。因为有场地费，所以，向参加者每人收取一千日元为宜。

一定要让参加者满意而归

为了使当天与会的朋友们得到最大的满足，需要反复思考讨论的话题内容、交流会的时间安排、具体流程等。不要单方面地讲话，还要设定互相提问的环节，让参加交流会的朋友们能够进行充分交流。

无为之人 ⤵

独占自己学到的知识

“自以为是的高墙”岿然不动

有为之士 ⤴

举办学习交流会，与人分享自己的知识和经验

可能会遇到一起为梦想奋斗的伙伴

把最后五分钟设定为问卷调查的环节。让大家写出自己“学到的东西”“还想进一步了解的东西”“其他想要知道的题目”，这样就可以为下次交流会提供参考啦。其中肯定会有你自己注意不到的新点子，所以，好好利用吧。

即使找不够参与者也不要灰心丧气

我反倒觉得找不够参加者的时候才能学到更多东西。如果没有一个人愿意参加的话，那么这就是你改进自己人际关系的好机会。清楚地认识到问题才能对症下药。即使只有一个人参加也要按照原计划尽情交谈，因为这个人很可能会成为你以后的合作伙伴或者好朋友。

实际上，召集参与者可不是件简单的事情。2005年，我和前F1赛车手片山右京先生打算在东京某俱乐部举办一场讲演。记得当时为了请八百位出席者，而动员了所有朋友和公司员工，向八千人发出了邀请。

虽说如此，但交流会毕竟不是工作，希望你可以怀着轻松的心情去组织。来参加我的研讨会的学生中，也有很多人经常举办交流会，大家都是很开心地在弄。也请你务必尝试一下。

尝试举办交流会

确定题目、日期等

题　　目	设定一个至少可以说上一个小时的题目
日　　期	举办日期和时间、布置会场比较理想的是工作日的晚上或者是周末的中午预约两个小时的会场
参加人数	十个人
费　　用	每人一千日元

召集十位参与者

充分利用电话、邮件、微博等各种途径
至少告知三十位友人，
如果能够告诉一百个人的话就再好不过了

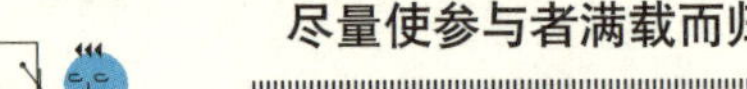

尽量使参与者满载而归

思考能够让参与者满意的内容、流程，
设定问答环节，使大家能够充分交流，
为下次交流会做铺垫，进行问卷调查

积极是一种心态，消极是一种心病

当遇到什么不顺利的事情或者败给了对手之后，仍旧微微一笑，一如既往积极生活的人，才能够轻松打破“只要自己好就行”的“自以为是的高墙”。

当人遇到不如意的事情时，很容易将原因归咎于周围的人或者环境上。这样的话，要么浑身长刺一般对外界充满敌意，要么自己躲进壳里不敢面对现实。

虽然表现方式不同，但二者都是为了自我保护而高筑自以为是的心理之墙。

但是，如果能够在遇到不如意之事时一笑了之的话，郁闷、悔恨等负面感情都会随着自己的笑声烟消云散，这种精神上的富足就可以使你轻松打破“自以为是的高墙”。

无为之人↘　　**有为之士↗**

遇到不如意之事时就躲进壳里不敢面对现实

“自以为是的高墙”岿然不动

面对自己的失败、一笑而过

内心富足，情绪高扬

捧腹大笑就可以转换心情

在证券交易所工作的时候，我隶属于营业二科。当时一科的G和我们科的H两个人是竞争对手，一直在比拼营业额。有一个月，在月末那天之前，H一直领先于G，并保持一定差额。可是，谁料在最后一天，G签了一个五千万日元的大单子，反败为胜。一科的人都非常高兴，大赞G做得不错。而由于H在最后时刻被反超，二科的氛围有些诡秘。

当H回到公司，听说G签到了五千万日元的大单子时，说：

“啊，真的吗？！这次可真是被整到了！哈哈……”他从椅子上跌落到地上，狂笑不止。但正是他的大笑，不仅让我们二科，还让一科的营销员们都开怀大笑，气氛一下子就明朗了许多。

那之后，也没看到H有什么不甘的表现。那天，我很偶然地在电梯里遇到了H，出于关心便问道：“难道不觉得不甘心吗？”他笑着答：“道幸，我当然不甘心啦，所以才说被整到了嘛。但是，遇到失败的时候捧腹大笑的话，心情很快就会得到缓解的。所以，也就能真心实意地为G感到高兴啦！”

真实表达出自己的感情，并一笑泯成败

之后，H还告诉我，当你遇到挫折或者失败的时候，要有意识地表达出自己的真实情感：“真是败给你了！”“这次被整惨了！”之后捧腹大笑。这样多多练习的话，就会养成习惯，每次都可以一笑泯成败啦。这样的话，自己也轻松，周围的人也不会太过介意。

不顺利的时候一笑了之，甚至是捧腹大笑，就会和顺利进行时一样高兴。这样的你更加有魅力，使人愿意和你亲近。

尝试让自己一笑泯成败

一笑泯成败

1. 如实地表达出自己的感情
   “真是败给你了！”
   “这次被整惨了！”
   将这些负面情绪用语言表达出来
   不要刻意压制自己

2. 之后捧腹大笑
   剩余的负面情绪也会在你的笑声中烟消云散

工具总结
A SUMMARY

- 要学会感激别人，将感激之情表达出来，这样就可以将温暖自己的感情传达给更多的人，让更多的人露出灿烂笑容。
- 参加志愿者活动，为他人提供帮助。当一个人感到自己为什么人或什么事做出贡献时，就会更加清楚地认识到自己的生命价值。
- 与初次见面的人搭话是需要很大勇气的，可是如果自己主动说话的话，会增加与更多人亲近的机会。这也会让你改变害羞的心理，从而更有勇气和自信。
- 独自前往一个陌生的国度，凭借自己的力量去想办法解决出现的各种各样的问题，这样的经历是非常重要的。
- 与人交流是非常重要的。有时候我们要学会表达自己，有时候我们要学会倾听他人的经验。
- 当遇到什么不顺利的事情或者败给了对手之后，一笑而过，一如既往地积极生活。

POSTSCROPT 后记

你的努力，是可以改变未来的力量

本书中也曾提及，我是在大学一年级的时候，以葡萄牙语考试为契机开始走出“我不行”的魔咒的。

当时，听说评审老师非常严格，成绩不过关的话什么都没得商量。于是，在疯狂学习三天三夜之后我参加了考试。结果，只有我得了满分，所以，才能够有机会去巴西留学。

在巴西我遇到了启蒙恩师W老师，他也是日本人，在当地还有自己的家具店，经营得非常成功。老师家的豪宅里面有很多司机和女仆，甚至还有小岛、游艇、私人飞机等，老师自己更是有佳人陪伴左右，生活得相当惬意。

我有幸在老师的身边学习了十个月，其间接触到了作为一名经营者应有的思考方法，也立志要成为像老师一样出色的人，要像老师一样活跃于商海。

回国后，了解到学校里有伊藤忠商事前常务——森冈正宪先生的研讨会，而且其他学科的学生也可以参加。我非常兴奋，认为这是一个难得的可以向森冈先生学习的机会，所以义无反顾地报了名。并从森冈先生那里学到了能够洞穿商业、社会、经济的分析方法和解决问题的方法。

就是这样，以三天三夜的学习为契机，遇到了对我一生起到决定性影响的两位恩师，铸就了我从营销员走向经营者、商务咨询师的人生旅途。

听了我的经历，可能有人会说我很幸运吧。其实，我自己也觉得很幸运。不过，带来这份幸运的是我三天三夜的学习——这个看似无关紧要的行为。

从2009年起，我开始学习阳明学。有一位阳明学造诣颇深，并担任历代首相职业顾问的研究者，就是安冈正笃老师。安冈老师非常欣赏幕末英雄西乡隆盛，认为他一生潜心研究阳明学，并且能够将学到的知识应用于实践之中，是个一等一的人物。

我也从中领悟到：将学到的东西应用于实践之中才真正使学习有了意义。

所以，人们应该运用所学，全力以赴去做现在能做的事情，进而一步步接近“有为之士”的目标。可是，有些人正在因为自己无法付诸实践而苦恼，为此我才写下本书。请一定尝试书中写到的各种攻略，把内心深处阻碍自我发展的“无形墙”一一推倒。

最后，我要衷心感谢从企划到出版一直全面支持我的中经出版社的清水静子小姐和协助我进行编辑工作的原贤一先生。还有当我在假日依旧奋笔疾书时，一直陪伴在我身边的妻子——小智、两个女儿——小凛和亚纪，真的谢谢你们了。

谢谢大家！

道幸武久